清粥小菜

萨巴蒂娜 ◎ 主编

卷首语

可口清粥，悠哉小菜

以前不觉得白粥有多好喝，直到有一次出国比较久，然后疯狂地想念家里经常吃的白粥，不用别的搭配，就涪陵榨菜就行。

回国下了飞机直接奔向一个卖粥的快餐店，要了一碗白粥，小菜是送的。那粥其实稀汤寡水，熬得一点不浓稠，配的也是普通的酸豆角而已，但是喝下大半碗之后，觉得自己可以活过来了。

咸菜疙瘩洗净，细细切丝，过凉水滤掉部分盐分，放一点芝麻油、一汤匙香醋、一汤匙辣椒油，搅拌上那么几下，配粥喝，越嚼越有味。

自己腌的咸蛋，蛋白不是很咸的那种，剥掉外皮，直接丢粥里，用筷子戳碎，跟粥混合在一起喝，每一口都有清润的蛋白、软软的蛋黄，咸蛋像星星一样游荡在粥里，一碗粥配一个蛋，好吃又好玩。

猪油渣，撒点盐，也是一大勺撒粥里搅拌着喝，怎么那么香啊，到底是猪油渣让粥变香了，还是粥成全了猪油渣的丰润，难说的一件事。

喝粥最适合在早上，打开电视或者收音机，听着新闻，用若有若无的人间大事来送。喝粥也适合在晚上，灯光明亮或者昏黄，窗外万家灯火，桌上白粥一盏，小菜一碟。白天的琐事都忘却，只低头细细喝粥，喝完鼻头上都是汗。

喝粥适合一个人，做法简单，做一锅也不怕剩下，可以喝个两天。喝粥也适合一家人，每个人都喜欢，有人喝两碗，有人喝半碗，皆大欢喜。

喝粥适合健康的人，喝粥更适合亚健康的人，不伤脾胃，入口甚是温柔。

喝粥，于我而言，适合一年四季，不论人间冷暖与风雨雷电。

萨巴蒂娜
个人公众订阅号

萨巴小传：本名高欣茹。萨巴蒂娜是当时出道写美食书时用的笔名。曾主编过五十多本畅销美食图书，出版过小说《厨子的故事》，美食散文集《美味关系》。现任"萨巴厨房"主编。

敬请关注萨巴新浪微博　www.weibo.com/sabadina

目录

初步了解全书	008
知识篇	009
食粥者说	009
干货发制小窍门	010
煮粥防溢小技巧	011
煲煨火候小秘笈	012
煮粥易烂小贴士	014
煮粥选锅小知识	015
粥与小菜巧搭配	016
食粥人群宜与忌	016

计量单位对照表
1 茶匙固体材料 =5 克
1 汤匙固体材料 =15 克
1 茶匙液体材料 =5 毫升
1 汤匙液体材料 =15 毫升

Chapter 01　四季皆宜：果实与五谷

松仁燕麦粥
018

栗子荞麦粥
019

薏米莲子粥
020

梅菜蒸肉
021

核桃麦仁粥
022

白芝麻藜麦粥
023

扁桃仁山楂粥
024

暴腌雪里蕻
026

荸荠糯米茶
027

银耳紫薯粥
028

蜜制佛手粥
030

红豆莲子粥
032

糖水黄豆
034

玉米糁红薯粥
035

绿豆红豆粥
036

山药芸豆粥
038

酱油蛋
039

面筋粉浆粥 040	炒麦粉藜麦粥 042	豆浆花生粥 044	+	 葱油莴笋丝 045
绿豆小米粥 046	莲子葡萄干粥 047	银杏腐竹粥 048	+	辣腌萝卜干 050
木瓜面疙瘩粥 051	花生桃浆粥 052	麦仁肉糜粥 054	+	酸辣木耳 055
砂仁肉糜粥 056	苦荞核桃粥 058	桂圆鸡丝粥 059	+	桃仁香椿 060

Chapter 02 时令鲜品：群芳与百草

茗粥 062	藕汁薏米粥 064	荷叶荸荠粥 066	莲肉红米粥 067	雪菜毛豆子 068
玫瑰米沙粥 070	蚕豆米枸杞粥 072	菊花芡实粥 073	+	 麻辣藕丁 074

Chapter 03 山珍海味：肉类与水族

牡蛎芋头粥
112

螺肉红薯粥
114

鱼虾生菜粥
115

香辣桔梗丝
116

雪菜墨鱼粥
117

虾油虾仁粥
118

海参姜丝粥
120

盐水煮毛豆
121

香菇皮蛋瘦肉粥
122

窝蛋生滚牛肉粥
124

盐焗鸡肉香菜粥
126

辣味黄豆芽
128

艇仔鱼生粥
130

腊鸭芥菜粥
132

猪杂芹菜粥
134

蒜泥海带结
136

虾滑小米粥
137

滑鸡银杏粥
138

上汤蛤蜊粥
140

油条蘸酱油
142

胡椒猪肚粥
143

火腿咸蛋菜心粥
144

花生米拌芹菜
146

骨髓苦瓜粥
148

猫仔粥
150

姜丝鸭肉粥
152

+
芥末杏鲍菇
153

猪肝菠菜粥
154

羊肉荞麦粥
156

樱桃萝卜肉糜粥
158

+
暴腌蒜薹
160

银鱼鸡蛋粥
161

+
木耳黄瓜
162

Chapter 04 美食无国界：异国与海外

泰国椰浆鸡粥
164

印度米豆粥
166

南洋水果冰粥
168

+
凉拌青木瓜丝
170

日本茶泡饭
172

冷泡燕麦水果粥
174

奶香藜麦粥
176

+
芝麻拌牛蒡
178

韩式奶酪蟹肉粥
180

韩式南瓜粥
182

韩国泡菜粥
184

韩国蘑菇牡蛎粥
186

+
韩式酱土豆
188

初步了解全书

本书根据食材的类别、季节性等特征划分为:"四季皆宜:果实与五谷;时令鲜品:群芳与百草;山珍海味:肉类与水族;美食无国界:异国与海外"四个章节,满足各种口味。同时,我们针对书中粥品的口味、营养,设计了对应搭配的小菜,即可下粥,又可均衡营养,调剂口味。

粥清新美味又可容纳百物,而且养胃暖身,做法多种多样,简单、健康、营养、美味,四季皆宜。

知识篇

食粥者说

粥性绵软，易于消化，三餐皆宜，冬夏皆可。粥品百变，随手施为，因地制宜，妙手可得。百样粥可分日夜、分早晚、分主食零食、充饥点心，各有适宜。

晨粥佐蛋 早餐宜吃粗粮粥、杂粮粥、干果粥等耐饥、耐消化的粥品，有足够的膳食纤维、维生素、矿物质、碳水化合物，可满足一整个上午之能量所需。在粥之外，还要补充蛋白质，如煎蛋、白煮蛋、酱油蛋等，以及莴笋、黄瓜、芹菜、青菜等蔬菜类，可增加膳食纤维，令人有饱腹感。

午粥伴薯 午餐可食添加了块根块茎类食材的粥，如红薯粥、紫薯粥、山药粥、土豆粥、芋头粥等，可增加碳水化合物，做到一能吃饱，二耐消化；还可食骨头粥、鸡肉粥、猪肝粥等肉粥，以保证每天能摄入50克肉类，以达到营养均衡。或者在肉粥之外，添加蒸土豆、煮芋头、烤红薯等。

晚粥随果 晚餐可选干果、鲜果等添加了果品的粥。晚上吃粥，可以不添加薯类或肉蛋类，在睡前1小时稍有饿感，是最佳的养生方式。

粥宜长久

粥宜四季，各有不同。春食花草绿叶粥，趁生机勃发、万物生长之势，得阳气之助。夏食绿豆荷叶粥，清凉消暑，不积食、不内热，人体自然降温。秋宜食百果粥，应时应季，新鲜水灵，品味尝鲜，天然滋润。冬宜食鱼虾肉类粥，补充脂肪、蛋白质，以御严寒。

粥宜配点心小食。小小一碗，有汤有水，有果有肉，有滋有味，少即是好。

干货发制小窍门

1. 干豆类如红豆、黑豆、芸豆等，表皮略有涩味，浸泡后的第一锅水可倒去，换水再泡，煮出的粥味道会好一些。

2. 干果类如核桃仁、栗子仁、榛子仁、大杏仁等，可用开水冲泡，20分钟后剥去种皮，再放入粥中，可去涩。

3. 干果类如莲子、百合、红枣、桂圆、皂角米等，可用温水浸泡，如时间不够，可在浸泡干果的容器上加盖，放入微波炉中高火加热一两分钟，可缩短浸泡时间。

4. 有香味的干制品如香菇、口蘑、玫瑰、葡萄干等，可先用清水冲去浮尘，再用温水或冷水浸泡，煮制时把浸泡的水沉淀去杂质后，一同放入煮粥的锅中，以保持食物原来的香味。

5 海味干制品如虾米、小鱼干等,可用清水冲去浮尘后,用黄酒浸泡,可去腥提香。

6 干玫瑰花、干菊花、干荷叶、干桑叶等花叶食材,可用清水冲去浮尘,用温水浸泡。

煮粥防溢小技巧

1 2 3

4 5

煮粥时守在一旁,同时整理厨房、擦洗灶台、准备下粥小菜,或者看手机刷朋友圈等,在粥将溢之际及时搅拌,以阻止溢锅。如果不想守在厨房,可以采用以下方法:

1 加盖一张撕成几片的荷叶,有防溢的效果。
2 撕下一张烘焙用锡纸,比锅稍大,揉成团,再小心展开,折起四角,做成一个锅盖,放在粥锅上,能有效防溢。
3 选用深底直身砂锅,米和水放至锅身的一半,选用厚重的锅盖,如塔吉锅的高弧形盖子,借用锅盖本身的重量,留下出气孔,可以防止粥汤溢出。
4 粥汤煮开即关,自然冷却后再加热,三四次后粥已煮好,而不会溢锅。
5 用电压力锅,选煮粥档,米水量在标准刻度以下,就不会溢锅。

煲煨火候小秘笈

1. 煲广东粥如生滚粥、老火粥等需要把米粒煮至基本无形的粥,可选用大火滚至米烂。
2. 煮绿豆粥、红枣粥、大米粥、玉米楂粥等一般的粥,可大火煮开后换中火或小火慢煮。
3. 煮小米粥或玉米面粥等易熟的粥时,可大火煮开后即关火,闷20分钟后再次开火煮开,再关火,两三次后粥即煮好,一来可节省能源,二来离开时可做别的事情。

4 煮干豆、干果等耐煮的食材，需用小火长时间慢煨。

5 用米饭煮粥，需选中火，短时间煮开，以保持饭粒的形状，满足清汤爽利的口感。

6 在煮花草类粥时，火不宜大，以免破坏花草的完整性。

煮粥易烂小贴士

1 不易烂的食材,如干果、干豆等,要提前长时间浸泡。

2 食材如米等,淘洗干净,带少量水冷冻,破坏食材质地,可减少煮粥时间。

3 食材如米、玉米、干豆等,预先粉碎再煮,可缩短煮粥时间。

4 本身易熟易烂的食材如糯米等,浸泡过夜再煮,一滚即好,缩短煮粥时间,且别有风味。

5 加少量食用碱,可缩短煮粥时间,并且粥烂如糜(只限于需要快速熬粥的情况,平时不推荐,因为碱会破坏粥的营养)。

6 利用吃剩的米饭煮粥,可缩短煮粥时间。

煮粥选锅小知识

1 选用专业煮粥锅,易上手,不操心。
2 选用电压力锅,可预定煮粥时间和煮制时间,保证在需要的时候喝到温热的新鲜粥。
3 选用深底直身砂锅煮干豆类粥,耐久煮,保温好。
4 选用浅底小砂锅煮少量的粥,或用米饭煮成粥,锅小、米少、加热快,易熟。
5 在时间充足的情况下,还可考虑慢炖锅,温水生米入锅,两三个小时后即可吃到软烂如糜的热粥。
6 菜粥、花草粥、鲜叶粥等,可选用不锈钢锅、搪瓷锅或耐热玻璃器皿,不影响食材的色泽。

搪瓷锅

深底直身砂锅

不锈钢锅

浅底小砂锅

粥与小菜巧搭配

1. 白粥搭暴腌小菜，有滋有味，好下粥。
2. 干果粥、坚果粥搭绿叶蔬菜，补充膳食纤维和维生素。
3. 肉粥、鸡粥、高汤粥等搭盐水毛豆、花生米拌芹菜等果实类小菜，动物蛋白和植物蛋白互补。
4. 花草类粥搭蛋类小菜，补充蛋白质，增加饱腹感，营养更均衡。
5. 绿叶类粥搭鲜果根茎类小菜，如麻辣藕丁、葱油蚕豆等，气息相近，质感相似，口味不冲突，兼补充碳水化合物。
6. 鱼虾鸡鸭类粥搭酸辣口味的凉拌小菜，解腻开胃。

食粥人群宜与忌

1. 糖尿病患者可以吃干豆类粥，生糖指数远低于大米粥。食豆粥时注意不要放糖。
2. 糖尿病患者可以吃核桃粥，有证据表明核桃是一种有利于预防和控制糖尿病的坚果。
3. 大米粥、糯米粥则不适用于糖尿病患者，尤其是煮黏后的，生糖指数较高。
4. 糖尿病患者可以食红薯粥，红薯膳食纤维丰富，生糖指数低于精米白面。
5. 燕麦、荞麦、大麦等全谷物粥同样适宜糖尿病患者，但不宜多食。
6. 粗粮粥、杂粮粥、块茎块根类粥均适宜减肥瘦身人群，但在食粥时最好不要搭配包子、馒头、锅贴等主食类点心，搭配各种小菜就很好。

Chapter 01

四季皆宜：果实与五谷

⏱ 40分钟　🍲 中等

松脂香伴燕归来
松仁燕麦粥

特色
以烘焙过的松子仁入粥，取熟松子仁的芳香味和油脂味，配合燕麦的爽脆质感、大米的绵软口感，达到营养和美味的最佳组合。坚果的脂肪含量，也让粥的耐饥度增加。

主料
大米	100克
燕麦粒	50克
松子仁	20克

烹饪秘笈
1. 松子仁用小火焙，不要焙焦，焙过之后才有松脂油香。
2. 燕麦粒耐煮，可提前浸泡。

做法

1 燕麦粒提前2小时浸泡。

2 浸泡过的燕麦和大米淘洗干净，放入锅中，加800毫升清水煮开。

3 转中火保持微微沸腾，不时搅拌，防止糊底。

4 熬煮40分钟以上，至米烂粥稠、燕麦粒略有弹性为度。

5 松子仁放平底锅里用小火焙香，放进粥内，煮5分钟即好。

风里的甘甜
栗子荞麦粥

40分钟 | 中等

01 四季皆宜：果实与五谷

特色

糖炒栗子甜香诱人，作为零食少食即饱；荞麦质地疏松，煮粥易熟，但不耐饥。荞麦搭配干栗子同煮，在增加碳水化合物的同时，又有了栗子的甜和香，也起到了丰富口感的作用。

主料

荞麦	150 克
去壳、去皮栗子仁	50 克

烹饪秘笈

荞麦黏性较大米低，煮出的粥汤清爽，口感更顺滑。

做法

1 荞麦提前用清水浸泡2小时以上。

2 将荞麦淘洗干净，放入锅中，加800毫升清水煮开。

3 栗子仁冲洗干净，切成黄豆大小的丁，放进锅中煮开。

4 转小火保持微微沸腾，至荞麦开花、栗子仁软烂香甜为度。

50分钟 低等

如珠似玉
薏米莲子粥

特色

薏米和莲子都是干果，其美味营养，但不易煮。用来煮粥，要通过长时间炖煮，才能使其充分软烂。在大米之外搭配同样分量的糯米，可使粥汤黏稠。

主料

薏米	50克
莲子	50克
大米	50克
糯米	50克

烹饪秘笈

薏米也叫薏仁或薏苡仁，不易煮软，需要提前浸泡。

做法

1 薏米用清水浸泡8小时以上或过夜。

2 莲子捅去莲心，浸泡6时以上或过夜。

3 将薏米、莲子冲洗干净，放入锅中，加1200毫升水煮开；大米和糯米淘洗干净，放入锅中，搅拌均匀。

4 转小火煮至莲子酥烂、薏米软糯，以米烂粥稠为度。

01 四季皆宜：果实与五谷

体贴温暖良心菜
梅菜蒸肉

⏱ 30分钟　　🔪 中等

特色
梅菜蒸肉饼为粤式家常菜。梅菜是用大叶紫芥切碎，焯水晒干，加盐揉匀后制成。和肉末同蒸，咸香下饭。过去店铺老板为员工提供三餐，如餐桌上经常出现这道菜，伙计便会夸赞老板是好东家。

主料
猪肉糜	100 克
梅菜或菜干	30 克

辅料
姜	2 片
盐	1 茶匙
料酒	1 汤匙
淀粉	1 茶匙

烹饪秘笈
1. 梅菜有咸味，泡发后尝下咸淡，从而调节用盐量。
2. 生抽可调色增鲜，如梅菜过咸，可延长浸泡时间，或不放生抽。
3. 放少许糖可提味增鲜。

推荐搭配
松仁燕麦粥	018
栗子荞麦粥	019
薏米莲子粥	020

做法

1 梅菜用清水泡发 20 分钟以上，泡去泥沙，清洗干净，切成碎。

2 姜切末，放在猪肉糜里，加料酒、盐、淀粉，拌匀。

3 梅菜碎拌入肉糜中。

4 上锅蒸 15 分钟至熟即可。

⏱ 60分钟
🍲 中等

初夏识麦秋

核桃麦仁粥

特色

五月下旬，麦子灌浆即将成熟，只有短短两周时间可以采割新鲜将熟的麦仁，这时的麦仁有独特的清香，煮出的粥为淡绿色的。搭配上核桃仁的油脂香，色香味和新鲜度都达到峰值。

主料

新鲜麦仁	100克
糯米	50克
核桃仁	100克

烹饪秘笈

1. 将核桃仁打成浆煮粥，香滑味美。
2. 新鲜麦仁上市时间短暂，但有冻品可供选择。

做法

1 新鲜麦仁和糯米淘洗干净，加800毫升清水煮开。

2 转小火煮60分钟以上，不时搅拌，以防糊底。

3 核桃仁用开水浸泡，挑去种皮，加100毫升清水打成浆。

4 将核桃仁浆倒入麦仁糯米粥里，煮开即可。

白芝麻藜麦粥

色白如玉 · 40 分钟 · 中等

四季皆宜：果实与五谷

特色
以藜麦之细微，搭配白芝麻之幼小，米烂之后，仍可见两者之精致玲珑。藜麦色为乳白，白芝麻色为瓷白，大米色为玉白，此粥亦可名为三白粥。

主料
藜麦	100 克
大米	50 克
白芝麻	20 克

烹饪秘笈
白芝麻焙过之后舂碎，香气更易散发，能更好地和粥汤结合。

做法

1 藜麦和大米淘洗干净，加 800 毫升清水煮开。

2 转小火保持微开，不时搅拌，防止糊底。

3 白芝麻用微火焙香，放入石臼里舂碎，再放进粥里，搅拌均匀。

4 煮至米烂粥稠、藜麦开花为度。

40分钟 | 中等

赏心悦目

扁桃仁山楂粥

特色

扁桃仁色白,小米色黄,山楂色红,三样搭配,赏心悦目。扁桃仁有坚果香,山楂味道酸甜,小米有谷物香,三样同煮,香气复合,营养互补。

主料

扁桃仁	50 克
山楂干(去子)	50 克
小米	100 克

做法

1 山楂干提前 2 小时用清水泡发。

2 捞出,切成黄豆大小的丁。

3 小米淘洗干净,加 600 毫升清水煮开。

4 放入山楂丁,搅拌均匀,防止糊底。

5 扁桃仁焙干至香脆,碾碎成粗颗粒,放入锅中。

6 转小火煮 30 分钟以上,至米汤黏稠、有杏仁和山楂的香味即可。

烹饪秘笈

扁桃仁俗称美国大杏仁,粒大味香,生食、煮粥两宜。

暴腌雪里蕻

咸菜吃出樱花香

⏱ 20分钟　　🔪 中等

特色

新鲜雪里蕻稍腌即食，其清鲜的香味，类似樱花茶。颜色青碧，香味诱人，早晨即使没有胃口，有这样一碟暴腌雪里蕻佐粥，所有的味蕾都会打开。

主料

新鲜雪里蕻　　　　　100克

辅料

粗盐　　　　　　　　10克
油　　　　　　　　　10毫升

烹饪秘笈

1. 炒时可加一两粒干红辣椒增香。

2. 暴腌雪里蕻有清爽的香气，不可久炒，要保持颜色碧绿，变黄会失去香味。

推荐搭配

核桃麦仁粥　　022
白芝麻藜麦粥　023
扁桃仁山楂粥　024

做法

1 新鲜雪里蕻洗净，择去黄叶、老根，晒一两天至其凋萎。

2 撒上粗盐揉匀，放入容器内，压上重物，置阴凉处两三天。

3 取出洗去多余盐粒，切碎。

4 炒锅烧热，倒10毫升油，放入切碎的雪里蕻炒熟即可。

似茶非茶润万家
荸荠糯米茶

20分钟 低等

四季皆宜：果实与五谷

特色
糯米浸泡过夜之后再煮，煮开即软，米汤浮于表面，糯米沉于底部，似茶而非茶，有茶之形，便取茶为名。添加荸荠，一则增加脆脆的口感，二则有水果的甜香，三则补充维生素和膳食纤维。

主料
糯米	100 克
荸荠	50 克

辅料
红糖	1 茶匙

烹饪秘笈
1. 糯米易熟，经过浸泡一夜后，煮开即烂，不用久煮。
2. 没有红糖可以换成糖桂花或者白砂糖，不放糖搭配小菜也可以。

做法

1 糯米淘洗干净，用清水浸泡过夜。

2 荸荠削去皮，洗净，切成黄豆大小的丁，备用。

3 锅内放入浸泡好的糯米，加600毫升清水和荸荠丁煮开，搅拌均匀。

4 关火，加盖，闷5分钟。

5 吃时放入红糖拌匀即可。

紫染银花

40 分钟　低等

银耳紫薯粥

特色

银耳久煮之后变得半透明,在白粥里几欲融化,在遇到紫薯鲜亮的紫色后,银耳染紫为花,像一朵紫牡丹开在白粥里。以薯类的乡土,衬出银耳的风姿。

主料

大米	100克
紫薯	1个(约80克)
干银耳	1朵(约10克)

做法

1 银耳提前4小时以上用清水泡发。

2 大米洗净,放入煮粥的锅里,加800毫升水煮开。

3 紫薯洗净,刨去皮,切成小块,放入锅内。

4 泡发的银耳去掉老根,剪成小朵,放入锅内。

5 煮开后转小火保持微滚状态,不时搅拌防止煳底。

6 直至银耳软糯、米烂粥稠为度。

烹饪秘笈

1. 紫薯不可多,以保持粥的颜色清透。
2. 银耳不可多,多则成银耳羹,不是粥了。

果中仙品添福寿
40 分钟　低等

蜜制佛手粥

做法

1 佛手柑洗净，切薄片。

2 找一个干净容器，码一层佛手柑，撒一层白砂糖，直至码放完毕。

3 置于阴凉处3~5天或更长，直至入味。

4 大米淘洗干净，放入煮粥的锅内，加600~700毫升清水煮开。

5 转中火保持微滚，放入糖渍过的佛手柑片。

6 不时搅拌，防止糊底。

7 煮40分钟以上，至米烂粥稠、味香为度。

8 吃时可加入腌渍佛手柑时渗出的糖水。

特色

佛手柑简称佛手，非佛手瓜。佛手常作为案头清供，冬日书桌上放几只，清香满室。佛手蜜浸糖渍后可泡水代茶饮，也可煮粥，香气不散，芬芳甜美。

主料

大米　　　　100克

辅料

佛手柑　　　1个（约50克）
白砂糖　　　50克

烹饪秘笈

佛手柑生食不脆，水分少，但香气浓郁，蜜渍可长期保存，香味持久，久煮也不失味。

01 四季皆宜：果实与五谷

相思怜心在一炉
红豆莲子粥

⏱ 60分钟
🍲 低等

特色

红豆久煮出沙，豆皮爆开，沙沙糯糯，与莲子软绵的口感全然不同。燕麦粒嚼起来略微弹牙，滑滑溜溜，与红豆的沙糯形成鲜明对比。此粥不黏，但有谷物的香气。

主料

红豆	100 克
莲子	50 克
燕麦粒	50 克

做法

1 红豆用清水浸泡过夜。

2 莲子捅去莲心，浸泡 6 小时以上。

3 燕麦粒用清水浸泡 2 小时以上。

4 红豆淘洗干净，放入锅中，加清水没过豆面，煮开，倒掉水。

5 在红豆锅中加 800 毫升清水，放入冲洗干净的莲子、燕麦同煮。

6 水开后改小火煮 1 小时以上，直至红豆酥烂即可。

烹饪秘笈

红豆倒掉第一遍煮开的水，可去除涩味。

糖水黄豆

甜甜蜜蜜

⏱ 20分钟　🔪 低等

特色

黄豆也叫大豆，有丰富的植物蛋白，除了豆腐、豆腐干、豆浆、黄豆煲猪脚汤、黄豆芽、笋脯豆等吃法，很少直接用来做菜。糖水煮黄豆，正是一道纯黄豆的小菜，甜烂香糯，不失为一道有特色的小吃。

主料

黄豆　　　　　　　　50克
葡萄干　　　　　　　少许

辅料

白砂糖　　　　　　　15克

烹饪秘笈

做好的糖水黄豆吃时可淋上少许蜂蜜，口感更佳，放凉后吃更香甜。

做法

1 黄豆淘洗干净，浸泡过夜。

2 放入锅中，加水没过，煮开。

3 加入白砂糖和洗净的葡萄干，煮至黄豆甜烂入味。收干汤汁即可。

推荐搭配

荸荠糯米茶　　　027
银耳紫薯粥　　　028
蜜制佛手粥　　　030
红豆莲子粥　　　032

玉米糁红薯粥

金玉满钵

40分钟 / 低等

01 四季皆宜：果实与五谷

特色
当年新打的玉米糁谷香浓郁，颜色金黄，配红薯甜烂的质地和橘红的颜色，从色彩上就给人以温暖的感觉，再加上维生素含量高的蔓越莓干，粗粮细做，精致用心。

主料
玉米糁 100 克 / 红薯 100 克

辅料
蔓越莓干　　　　　　20 克

烹饪秘笈

1. 蔓越莓干有抗氧化作用，味道略酸，但红薯够甜，能够综合口味。如果没有，也可用别的水果干代替，或者不放。

2. 玉米糁俗称玉米楂子，是玉米的粗磨颗粒，比玉米面耐煮，更有米粒感。

做法

1 玉米糁用清水淘洗干净，漂去浮皮。

2 红薯去皮，洗净，切成 2 厘米大小的块。

3 蔓越莓干用清水泡发。

4 上面三种食材放入锅中，加 600 毫升清水煮开。

5 转小火煮至红薯软烂、玉米糁浓稠软滑即可。

⏱ 60分钟
🍲 低等

豆逗人爱
绿豆红豆粥

特色

绿豆和红豆是常见的食材,夏天的绿豆粥清热消暑,冬天的红豆粥暖身安胃,红豆和绿豆放一锅煮,红绿相间,豆沙翻倍,豆香浓郁。

主料

绿豆	50克
红豆	50克
大米	50克

辅料

葡萄干	1汤匙

烹饪秘笈

绿豆比红豆容易酥烂,可后放。

做法

1 红豆用清水浸泡过夜。

2 将红豆淘洗干净,加清水没过豆面,煮开,倒掉水。

3 葡萄干用少量清水泡发,洗净。

4 在煮红豆的锅中加1000毫升清水煮开,转小火煮至豆烂开花。

5 放入淘洗干净的绿豆、大米和泡过的葡萄干同煮。

6 煮至红豆酥烂、绿豆开花,两种豆子出沙即可。

⏱ 60分钟
🍲 低等

药泥豆沙如米下
山药芸豆粥

特色
芸豆的淀粉含量是所有豆类中最高的，美妙的地方在于，芸豆的淀粉化入粥汤中，不是勾芡那样的羹，而是细沙般的口感，再加上山药化在米汤里，令你得到最大的满足。

主料
芸豆	50 克
山药	50 克
大米	100 克

烹饪秘笈
芸豆需久煮，让淀粉充分化入粥汤中，得到沙沙的口感，俗称沙化。

做法

1 芸豆用清水浸泡过夜。

2 将芸豆和淘洗干净的大米放入锅中，加1000毫升清水煮开。

3 转小火煮至芸豆酥烂，不时搅拌，防止糊锅。

4 山药去皮，洗净，切成2厘米左右的小块，放入锅中。

5 煮至米烂粥稠、山药半化开即可。

最简单最营养的小菜
酱油蛋

⏱ 10分钟　　📊 低等

01 四季皆宜：果实与五谷

特色
早晨的酱油鸡蛋是最美味、最富有营养、最简单的一款小食，它比白煮蛋有滋味，不会噎着，又比煎鸡蛋少了起油锅煎这个过程，让忙碌的早晨只有美食，没有油烟，清爽干净。

主料
鸡蛋　　　　　　　　2个

辅料
淡口酱油　　　　　　1汤匙
香油　　　　　　　　1茶匙

烹饪秘笈
过凉时以不烫手为度，鸡蛋内部仍是热的。趁热吃更美味。

推荐搭配
玉米糁红薯粥　　035
绿豆红豆粥　　　036
山药芸豆粥　　　038

做法

1 鸡蛋洗净，放入锅中，加冷水没过，中火煮六七分钟至熟。

2 捞出鸡蛋，放入冷水中过凉。

3 鸡蛋剥壳，放在碗里，随意分成若干块。

4 倒入酱油和香油，吃时拌匀即可。

燕麦小麦面对面

面筋粉浆粥

40 分钟　高等

特色

用面粉煮粥的不多,除非往粥里下面疙瘩,但那就不算面粉粥了。把面粉揉出面筋再煮粥,效果和口感则完全不一样。配上燕麦熬的粥底,既爽滑,又有面筋的嚼头。

主料

高筋面粉	130 克
燕麦粒	50 克

辅料

葡萄干、蔓越莓干等	共 20 克

做法

1 燕麦粒淘洗干净,加 500 毫升清水煮开,放入葡萄干等水果干,转小火保持微开。

2 面粉加 3 汤匙清水和成面团,醒发 20 分钟。

3 反复揉捏,让面团充分起筋,静置醒发 20 分钟。

4 将面团放在一盆清水中反复清洗,得到鸡蛋大小的一团面筋,面筋和粉浆静置备用。

5 把面筋撕成小片,放入燕麦粥中,煮开,搅拌。

6 沉淀后的粉浆倒去多余的水,慢慢加入燕麦粥中,直至加完,搅拌均匀,煮开即可。

烹饪秘笈

1. 燕麦粒口感爽脆,黏稠度不高,正好配粉浆增稠。

2. 面筋和粉浆的味道不够香甜,加水果干可增加果香和甜味。

3. 水果干可以换成肉丝或别的配菜、配料,放盐调味,做成咸粥。

4. 面粉和水的比例为 2.5∶1 或 3∶1,天冷水多一点,天热水可少放。

炒麦粉藜麦粥

麦为粥面,面是粥底

40 分钟 · 中等

特色

炒麦粉也叫炒面,把生面粉放锅里小火炒熟,颜色从粉白变为微黄。新炒好的面粉加水一冲,放上糖就是一碗羹,家中常备,用以填饥。为了丰富口感,再加少量藜麦和水果干,营养也更全面。

主料

全麦面粉	3 汤匙
藜麦	100 克

辅料

水果干	20 克

做法

1 全麦面粉用小火炒熟。

2 水果干用清水泡10分钟。

3 藜麦用清水清洗干净,加700毫升清水煮开。

4 放入水果干,煮至藜麦软烂。

5 炒麦粉加少量清水调开,慢慢倒进藜麦粥里,搅拌均匀即可。

烹饪秘笈

1. 全麦面粉炒后有特殊香气。
2. 炒麦粉可用炒杂粮粉代替。
3. 加入水果干可丰富口感和香甜味。
4. 吃时可加糖,即成甜点,或用小菜下粥。

40分钟 低等

菽乳浆浓
豆浆花生粥

特色

用豆浆煮粥，古时名为菽乳粥，菽就是大豆、黄豆。豆浆粥浓稠香甜，营养丰富，加入花生碎，香气加倍；再加荞麦，丰富口感；再加水果干，添加维生素，香甜再翻倍。

主料

豆浆	400 毫升
去衣花生米	50 克
荞麦	100 克

辅料

水果干	20 克

烹饪秘笈

豆浆容易煮糊底，需不时搅拌。

做法

1 水果干用清水浸泡 10 分钟。

2 荞麦冲洗干净，加 200 毫升清水煮至开花。

3 加豆浆煮开，放入水果干，转小火，不时搅拌，防止糊底。

4 花生米炒熟，放石臼里舂成粗颗粒，放进锅中，搅拌均匀，煮至荞麦软糯即可。

特色

葱油莴笋丝是早餐下粥的首选，方便快捷，完美解决了早餐也要有蔬菜这个难题。并且莴笋易保存，剥去莴笋叶后带皮可放三五天，去皮后仍然新鲜。

主料
莴笋　　　半根（约150克）

辅料
盐　　　　5克
细香葱　　2根
油　　　　1汤匙

烹饪秘笈
将葱花换成花椒粒，用油炸香淋上也可以。

推荐搭配
面筋粉浆粥　　　040
炒麦粉藜麦粥　　042
豆浆花生粥　　　044

碧绿小清新
葱油莴笋丝

⏱ 15分钟　🔪 低等

01 四季皆宜：果实与五谷

做法

1 莴笋去皮，洗净，切成细丝。

2 将莴笋丝用盐抓匀，静置5分钟，挤去多余水分，放在盘中。

3 细香葱剥洗干净，切成葱花，放在莴笋丝上。

4 烧热油淋上，吃时拌匀即可。

045

⏱ 60 分钟
🍲 低等

夏日风凉粥也凉
绿豆小米粥

特色
小米的维生素和矿物质含量高，但蛋白质含量较低，可搭配蛋白质含量高的豆类，营养更均衡，在小米粥里放绿豆或黄豆，即可达到这个目的。

主料
绿豆	50 克
小米	100 克
百合干	50 克

烹饪秘笈
小米易熟，煮开两三次就可软烂。

做法

1 绿豆冲洗干净，加清水800毫升煮至开花。

2 小米和百合干淘洗干净，放入锅中，煮开，搅拌，关火。

3 半小时后再次开火，煮开，关火。

4 20分钟后再开火煮开即可。

特色

类似精简版的八宝粥，莲子软烂，葡萄干香甜，化于大米煮成的米汤之中，香甜可口。

主料

莲子	50 克
葡萄干	20 克
大米	50 克

烹饪秘笈

用电压力锅煮粥，简便易操作，煮出的粥香气浓郁，口感软糯。

莲子葡萄干粥

精简版的八宝粥

40 分钟 / 低等

01 四季皆宜：果实与五谷

做法

1 莲子洗净，用温水浸泡过夜。

2 葡萄干洗净，用温水浸泡20分钟。

3 大米淘洗干净，放入电压力锅中，加800毫升清水。

4 加入莲子与葡萄干，用煮粥程序，煮好即成。

粥品也能很精致
银杏腐竹粥

40 分钟 · 中等

做法

1 干腐竹用温水泡发。

2 银杏去壳、去皮。

3 大米淘洗干净,加800毫升清水煮开。

4 转小火,放入银杏,不时搅拌,防止糊底。

5 腐竹切成寸段,放进粥中,搅拌均匀。

6 不时搅拌,防止糊底,煮至米烂粥稠、银杏软糯即可。

7 吃时可加少许盐,撒上葱花。

特色

腐竹入粥,口感滑溜,同时弥补了大米中蛋白质和钙不足的缺点,在增加口感和香味的同时,还让粥的营养翻倍,品质更好。腐竹和银杏的加入,让一道平凡的米粥,变成了精美的点心。

主料

银杏	14粒(2人份)
干腐竹	20克
大米	100克

辅料

盐	少许
葱花	少许

烹饪秘笈

银杏不可多食,一人一天不超过7粒。

脆生生的鲜
辣腌萝卜干

⏱ 10分钟　　🔪 低等

特色
白萝卜爽脆的口感让这道小菜无比美味。腌渍之后去除了萝卜的芥辣味，保留了萝卜的脆度。轻辣微咸的味道是白粥的最佳搭档，有此小菜，白粥可进两碗。

主料
白萝卜	1根（约300克）

辅料
盐	10克
白糖	少许
辣椒粉	1茶匙
生抽	1茶匙

烹饪秘笈
1. 白萝卜不用去皮，腌后更脆。
2. 晒萝卜时需翻面晾晒。

推荐搭配
绿豆小米粥	046
莲子葡萄干粥	047
银杏腐竹粥	048

做法

1 白萝卜洗净，切成薄片，摊开晾晒两天。

2 将萝卜片加盐揉匀，腌渍过夜。

3 洗去萝卜的多余盐分，挤干水分。

4 放白糖和辣椒粉拌匀。

5 视个人口味，可稍加生抽上色调味。

时尚大变身
木瓜面疙瘩粥

⏱ 40分钟
难度 高等

01 四季皆宜：果实与五谷

特色
用番木瓜浓郁的果香来提升面疙瘩质朴的风味，传统乡间主食配上热带水果，让粥也变得时尚起来。这款粥除了能帮助你摄入碳水化合物、产生能量之外，还能补充维生素。

主料
木瓜	半个（约250克）
面粉	3汤匙
大米	50克

辅料
蜂蜜或白砂糖　适量

烹饪秘笈
面疙瘩可根据个人喜好调整面和水的比例，疙瘩以大小一致为好。

做法

1 大米淘洗干净，加500毫升清水煮成稀粥。

2 木瓜去皮、去子，切成3厘米大小的块，放入粥中，煮至绵软。

3 面粉加200毫升清水调成面糊，用茶匙舀进粥里，煮开，搅拌均匀即成。

4 吃时可加蜂蜜或白砂糖增加甜度，不加也可。

玉液琼浆
花生桃浆粥

60分钟　高等

特色

粥也要吃得美味精致。此款粥品完美诠解了粥烂香甜四字的含义。花生米、核桃仁、红枣,每一种都又香又甜,打成浆后甜糯适口,如饮琼浆,加上红豆的沙,舌头的享受登峰造极。

主料

红豆	50 克
花生米	30 克
核桃仁	30 克
红枣	50 克
大米	50 克

做法

1 红豆用清水浸泡过夜。

2 花生米、核桃仁、红枣浸泡6小时以上。

3 大米浸泡2小时以上。

4 红豆加水煮开,倒掉,另加清水400毫升,煮至酥烂吐沙。

5 红枣去皮、去核,花生米去衣,核桃仁去皮,和大米一起放入搅拌机里,加400毫升清水打成浆。

6 把打好的浆倒进酥烂的红豆里煮开,搅拌均匀即成。

烹饪秘笈

1. 红枣不去皮也可以。
2. 如果觉得红枣的甜度不够,吃时可加糖。
3. 红豆要煮到充分酥烂,才有沙沙的口感,方是粥的效果,不放红豆则是核桃露。

五月新麦香

麦仁肉糜粥

40分钟 · 高等

特色

尝新莫过新麦仁。用新麦仁煮出的粥色泽淡绿，香气诱人。再以猪肉的滑嫩鲜美，配麦仁的清新淡雅，这才是初夏最美的时光。麦仁是没有脱壳的麦粒，口感稍粗，配以大米的绵软，更是绝佳组合。

主料

新麦仁	100 克
大米	50 克
猪肉糜	50 克

辅料

盐	5 克
料酒	1 茶匙
淀粉	1 茶匙

烹饪秘笈

新麦仁较耐煮，可用电压力锅煮粥，方便易操作。

做法

1 新麦仁和大米淘洗干净，加 1000 毫升水煮开。

2 改小火，不时搅拌，煮至麦仁酥烂。

3 猪肉糜用盐、料酒、淀粉拌匀，腌 20 分钟以上。

4 将猪肉糜拨散，放入煮好的粥内，烫熟即可。

酸辣木耳

微微酸辣最开胃

⏱ 30 分钟　🔪 低等

01 四季皆宜：果实与五谷

特色
木耳口感爽脆，调以酸辣口味，刺激开胃，能助你打开早上封闭的味蕾，起动一早上的能量储备。木耳耐消化，还可延缓早餐食粥的饥饿速度。

主料
木耳 10 克

辅料
红辣椒 2 根 / 蒜 1 瓣 / 酱油 1 茶匙 / 醋 1 茶匙 / 香油 1 茶匙

烹饪秘笈
木耳不可久煮，水开即捞出。

推荐搭配
木瓜面疙瘩粥	051
花生桃浆粥	052
麦仁肉糜粥	054

做法

1 木耳用温水泡发，择去根蒂，洗净。

2 锅内煮开水，放入木耳焯烫，捞出，沥干水。

3 蒜去皮，压成泥，用1茶匙冷开水调成蒜泥汁。

4 红辣椒洗净，去蒂和子，切碎。

5 红辣椒碎里加入酱油、醋、香油、拌匀成调味汁，和木耳拌匀。

6 将蒜泥汁淋在拌匀的木耳上即可。

温暖如姜
40分钟
高等
砂仁肉糜粥

特色

在这款粥中，砂仁虽然用量少，却是点睛之笔。利用砂仁富含的姜油芳香，提升粥的味道，释放肉糜的鲜美，让肉糜粥香而不腻，可谓是一款颇具匠心的粥品。

主料

砂仁	5克
猪肉糜	50克
小米	100克

辅料

盐	5克
料酒	1茶匙
葱花	少许

做法

1 小米淘洗干净，加600毫升清水煮开，搅拌均匀，关火。

2 肉糜加盐、料酒拌匀，腌20分钟以上。

3 小米再次煮开，放入拌过的肉糜拨散，煮开，关火。

4 砂仁放在石臼里舂成细粉，放入小米粥里，开火煮开，搅拌均匀即成。

5 吃时撒上葱花。

烹饪秘笈

1. 小米营养丰富，但蛋白质含量较低，搭配肉糜煮粥，可补充蛋白质。
2. 砂仁是姜科植物砂仁的果实，有芳香气息，购买时选春砂仁，超市或药房有售。

苦荞核桃粥

相得益彰的搭配

40 分钟 | 低等

特色

以核桃仁之脂香，中和苦荞之清苦，核桃和苦荞的特点充分发挥，再加上粥米的清香，名为粥，味似酪，如饮甘露琼浆。苦荞质松，粥汤绵密，相得益彰。

主料

苦荞	50 克
大米	100 克
核桃仁	20 克

烹饪秘笈

1. 苦荞和大米的比例在 1:2 较好。
2. 放核桃仁起到增香和增加营养的作用，也可换成别的坚果或水果干。

做法

1 苦荞和大米淘洗干净，加 1000 毫升清水煮开，转小火保持微沸，不时搅拌。

2 核桃仁泡洗净，去皮，掰成小块，放入粥中，煮至米软粥稠即可。

桂圆鸡丝粥

看得到的爱意

40分钟 / 中等

四季皆宜：果实与五谷

特色

桂圆肉芳香甘甜，向来是煲汤炖粥之良品，晒干后的桂圆肉甜度浓缩，比新鲜桂圆又要香甜数倍。经长时间粥汤的浸泡，浓缩的香甜味道释放在米粥里，滑润甘美。

主料

大米 100克 / 净桂圆肉 30克 / 鸡胸肉 1块

辅料

盐 1茶匙 / 料酒 1汤匙 / 姜 2片 / 葱花 少许

烹饪秘笈

鸡胸肉煮汤，有少量的油脂析出，因此腌米时不用放油。

做法

1 大米淘净，加少许盐拌匀，备用。

2 鸡胸肉洗净，加清水1000毫升、姜片、料酒煮熟，捞出放凉，备用。

3 桂圆肉洗净，剪成两片。

4 腌过的大米和桂圆肉放入瓦煲中，用煮鸡的汤煮开，转中火。

5 保持中火沸腾，不时搅拌，防止煳底和溢出，煮40分钟以上，至米软粥稠。

6 放凉的鸡胸肉撕成条，放进煮开的粥里，搅拌均匀。

7 吃时拣出姜片，撒上葱花即可。

桃仁香椿

春风十里，尽在香椿里

⏱ 20分钟　　🔪 低等

特色

香椿芽上市时间很短，但有香椿苗长年可供。用香椿的种子如发豆芽一般，得到香嫩的香椿苗，比椿芽更嫩更水灵，且随时可得。香椿拌桃仁这道小菜，不可不尝。

主料

核桃仁　　　　　　50克
香椿苗　　　　　　50克

辅料

盐　　　　　　　　1茶匙
油　　　　　　　　1茶匙

烹饪秘笈

用新鲜核桃仁更香滑。

推荐搭配

砂仁肉糜粥　　056
苦荞核桃粥　　058
桂圆鸡丝粥　　059

做法

1 核桃仁用开水浸泡10~20分钟，挑去皮。

2 香椿苗洗净，沥干水分，放入碗中。

3 加盐和油拌匀，撒上核桃仁即可。

02
Chapter

时令鲜品：
群芳与百草

⏱ 30分钟
🍲 中等

吃得茶苦，识得粥味
茗粥

特色

茗是茶的古称，茗粥就是茶叶粥。以茶叶入粥，不如说是以茶水煮粥，粥中带有茶味，清香甘甜。茶叶中含有茶碱，可使粥更绵软。增加杭白菊，粥中除有茶味外，还有菊花香。

主料

大米 100 克 / 陈茶叶 10 克 / 杭白菊 5 克

做法

1 大米淘洗后放入冰箱冷冻室冷冻过夜。

2 煮开 800 毫升矿泉水泡茶，泡 5 分钟。

3 煮开 250 毫升矿泉水泡一杯杭白菊。

4 茶汤去掉茶叶备用；菊花茶的茶汤备用，菊花也捞出备用。

5 将两种茶汤和冻过的大米煮开，转中火，不时搅拌，煮至米烂粥稠。

6 最后放入泡开的杭白菊拌匀即成。

烹饪秘笈

1. 大米洗后带水冰冻，可使米粒开裂，缩短煮粥时间。

2. 选用陈茶，一是茶味浓，二是可消耗库存，三是用新茶煮粥太可惜了。

3. 杭白菊可使粥有花香，味道清甜，粥味更好。最后再放入粥中，花瓣不会煮烂。

珠圆藕润
藕汁薏米粥

60分钟 / 中等

特色

藕入菜，通常或切片或切丁，或夹肉或灌米，都不失藕的外形，打碎成藕汁的不多。此粥以藕汁熬粥，粥汤滑润，美妙难言。再配以薏米，可算是珠圆藕润。

主料

大米	80克
薏米	30克
鲜藕	1节

烹饪秘笈

1. 藕汁含淀粉质，煮粥时水可稍多，加入藕汁后粥汤会变得浓滑。
2. 如果不想浪费，可把榨过的藕渣放进粥中；如放藕渣，可不放薏米。

做法

1 薏米用清水浸泡过夜。

2 大米淘洗干净，加1200毫升清水，和浸泡过的薏米一同煮开。

3 转小火煮40分钟以上，不时搅拌，煮至薏米软糯。

4 鲜藕去皮，切成小块，放在榨汁机里榨出汁。

5 把藕汁放进粥里搅拌均匀，煮滚，待粥浓稠、有香味传出即可。

⏱ 40分钟
🍲 低等

水泽风光尽此粥

荷叶荸荠粥

特色

以荷叶入粥，粥香米绵之外，粥色也青碧可人。其清香的味道，光是想象已经够美味，尝在嘴里，还要胜三分。荷叶里含的碱性物质，可使米粒充分分解，融入粥汤中，吸满荷叶香。

主料

冷饭 2小碗 / 中等大小的新鲜荷叶 1张 / 去皮荸荠 50克

烹饪秘笈

1. 选用冷饭煮粥，可缩短煮粥的时间。而利用荷叶自带的弱碱性，可使放了几天的硬冷饭充分回软，软糯香甜。

2. 荷叶表面有蜡质，焯烫之后再煮粥较好。

3. 放荸荠起到丰富口感的作用，没有可以不放，或者换成别的食材。
4. 也可以用大米煮荷叶粥。

做法

1 冷饭加800毫升开水煮开，改中火保持微沸。

2 荷叶略加冲洗，撕成几大块，用开水焯烫，捞出，放在粥锅里。

3 煮至饭粒软烂，粥汤浓稠，捞出荷叶不用。

4 荸荠切成小丁，放进粥里煮滚即可。

特色

莲肉是指用新鲜莲蓬剥出的新鲜莲子,再捅去清苦的莲心,得到的净莲子肉软糯清香,细品有淡淡的甜味,和干莲子比,又是一番清鲜的味道,一尝之后再难忘记。

主料

新鲜莲蓬	2 个
红米	100 克

烹饪秘笈

1. 新鲜莲蓬上市时间短,可去菜市或花市,或者莲池旁边选购。
2. 红米颜色微带紫红,煮粥有香气,配新鲜莲子,相得益彰。

一握青莲两相忆

莲肉红米粥

40 分钟　中等

时令鲜品:群芳与百草

做法

1 红米淘洗干净,加 1000 毫升清水煮开,转中火保持微沸,不时搅拌,防止煳底和溢出。

2 莲蓬剥出莲子,去掉种皮,分成两瓣,挑去莲心。

3 将莲子放入粥中,煮至米烂粥稠即可。

最是家常安百味
雪菜毛豆子
⏱ 20 分钟　　🥄 中等

推荐搭配

| 茗粥 062 | 藕汁薏米粥 064 | 荷叶荸荠粥 066 | 莲肉红米粥 067 |

+　　+　　+　　+

特色

雪菜是腌雪里蕻咸菜的简称。雪菜炒新剥出来的嫩毛豆，是传统的家常菜，下饭下粥两相宜。雪菜毛豆子不怕冷吃或隔天吃，提前一天炒好第二天吃，也是一样的美味。

主料

腌雪里蕻 100 克 / 剥好的新鲜毛豆仁 50 克

辅料

油 1 汤匙 / 白砂糖 1 茶匙

做法

1 腌雪里蕻洗净，切碎；毛豆仁冲净。

2 锅里烧热 1 汤匙油，放入毛豆仁稍加煸炒。

3 放入雪里蕻炒匀，加清水没过菜面，加白砂糖炒匀。

4 加盖，转小火，焖至汤汁收至八成干即可。

烹饪秘笈

1. 腌里雪可选用颜色深暗的老咸菜，味道更醇厚。

2. 久腌的雪菜如果太咸，可先浸泡一会儿，去掉一些咸度。

3. 加糖可综合咸味，也起到提鲜的作用。

4. 可加一两根红辣椒增色。

爱如玫瑰般绽放

玫瑰米沙粥

40 分钟　中等

特色

把大米捣碎成为米沙，可缩短煮粥的时间，口感上也有变化。加入糖渍过的玫瑰花一起熬，芳香诱人。这道粥可作为日常生活的一个偶尔的点缀，让平凡的日子浪漫甜蜜。

主料

鲜玫瑰花	两三朵
大米	80 克
玉米糁	20 克

辅料

白砂糖	50 克

做法

1 鲜玫瑰花择去花蒂、花蕊，只留花瓣，洗净，用纸巾吸干水分，备用。

2 大米淘洗干净后沥干，放在石臼里舂成米沙。

3 玉米糁淘洗干净，和舂碎的大米加 1000 毫升水煮开。

4 转小火，不时搅拌，防止糊底，煮至米软粥稠。

5 撒入玫瑰花瓣拌匀，煮开即成。吃时拌入白砂糖。

烹饪秘笈

1. 米粒捣碎成为米沙，可缩短煮粥时间，不捣碎，用常规方式煮粥也可以。

2. 加玉米糁可起到丰富口感和香味的作用，粥的颜色也有变化。

3. 依个人口味可不加玉米糁，或换成别的粗粮、干果或坚果。

带来春的气息
蚕豆米枸杞粥

40分钟　中等

特色
新鲜蚕豆外有豆荚，内有豆皮，剥掉粉绿的豆皮，里面是翠绿的蚕豆米，柔软、水嫩、清甜，颜色更是绿意可爱。用蚕豆米煮粥，为你带来春天的气息。

主料
新鲜去荚蚕豆	50 克
大米	100 米
枸杞子	20 克

烹饪秘笈

1. 新鲜蚕豆外有豆荚，内有豆皮，煮粥需用去除了豆皮的蚕豆米。

2. 枸杞子可起到丰富色彩的作用，也可以不放。

做法

1　大米淘洗干净，加1000毫升清水煮开。

2　枸杞子淘洗干净，放入锅中。

3　转小火，保持微沸，不时搅拌，防止糊底。

4　蚕豆剥去豆皮，冲洗后放入熬至九成好的粥中，煮至微微起沙即可。

特色

相传曾有人问苏轼，你们一家父子三人都这么优秀，是吃了什么吗？苏轼说也没有什么秘方，就是平时每天嚼十几粒芡实。芡实富含淀粉，是煮粥很好的食材。

主料

大米	80 克
芡实	50 克
新鲜黄色菊花	50 克

辅料

淡盐水	适量

智珠在握
菊花芡实粥

40 分钟 / 中等

时令鲜品：群芳与百草

烹饪秘笈

1. 菊花花瓣里有时会有虫蚁等，可用淡盐水浸泡去除，再用清水冲净。

2. 如有新鲜芡实，则需后加，一滚即起。

做法

1 芡实用清水浸泡过夜。

2 大米淘洗干净，和浸泡过的芡实一起放进锅里，加 1000 毫升清水煮开。

3 转小火，保持微沸，不时搅拌，防止糊底。

4 新鲜菊花择去蒂，用淡盐水洗净，沥干。

5 等芡实煮至软糯，撒入菊花瓣，拌匀即可。

脆藕天成
麻辣藕丁

⏱ 30 分钟 🔪 中等

推荐搭配

- 玫瑰米沙粥 070 +
- 蚕豆米枸杞粥 072 +
- 菊花芡实粥 073 +

特色

有了荷叶粥、藕浆粥、莲肉粥，搭配的小菜不妨来一碟鲜藕丁，这一餐可称为荷塘美食。下粥的菜味道要稍重，或咸鲜或咸辣，鲜藕丁用辣椒炒香，爽脆开胃。

主料

鲜藕	1段（约200克）
干辣椒	20克
花椒	1汤匙

辅料

油	2汤匙
盐	1茶匙
白砂糖	1茶匙
蚝油	1汤匙
葱花	少许
白芝麻	少许

做法

1 鲜藕去皮，切成小指头大小的丁，用清水浸泡，漂去多余淀粉。

2 干辣椒剪成1厘米长的小段，用清水浸泡5分钟，捞出，沥干。

3 锅内烧热2汤匙油，放入沥干的干辣椒段和花椒，小火炒香。

4 放入藕丁炒至七成熟，放盐、白砂糖炒出味，淋入蚝油上色、增鲜。

5 最后撒上葱花和白芝麻翻匀即成。

烹饪秘笈

1. 此菜放凉吃更爽口。
2. 如果不能吃辣，可少放、不放干辣椒，或换成甜椒。

在甘甜中滋补肾气
固本熟地粥

100 分钟
低等

特色

熟地是一味中药材，这款药膳粥用熟地作为粥底，对于血虚、肾精不足，容易头晕和须发早白的人群有很好的食疗效果。

主料

大米	80 克
糯米	20 克
熟地	10 克

辅料

细砂糖	适量

做法

1 大米、糯米洗净，用清水浸泡 1 小时。

2 熟地洗净后切薄片，用清水浸泡 15 分钟。

3 锅内加入清水 1200 毫升，放入熟地，大火煮沸，转小火熬至有药香味。

4 关火，留汤汁，熟地弃用。

5 锅内加入熟地汤汁，放入大米、糯米煮沸，转小火熬制 40 分钟。

6 加入细砂糖调味，搅拌均匀即可。

烹饪秘笈

熟地略苦，可根据口味适当增减细砂糖的分量。

看着美，吃着更美
银耳菊花粥

特色：
银耳所含的胶原蛋白可增加皮肤弹性，淡化细纹，加入一些菊花，可以去火、排毒。

主料
糯米	100 克
干银耳	20 克
干菊花	5 克

辅料
冰糖	适量

烹饪秘笈

菊花略苦，可以根据个人口味适当增加冰糖的分量。

做法

1 糯米、银耳洗净后，提前一晚用清水浸泡。

2 干菊花用温水浸泡10分钟，泡软即可。

3 菊花、银耳撕成小块备用。

4 锅内清水烧开，放入糯米煮沸，转小火熬煮20分钟。

5 放入银耳，继续熬煮20分钟。放入菊花，继续熬煮10分钟。

6 加入冰糖，煮至溶化，搅拌均匀即可。

100 分钟
低等

口福才是最大的福
栗子山药粥

特色

不爱吃板栗的请举手，如果有那么一两个，恐怕也只是嫌弃剥皮麻烦。栗子山药粥最大的福利还不是省去了剥栗子的麻烦，而是入口时带给食客的感受。栗子山药绵软适口，细腻香甜，这样的好粥，又有谁会拒绝呢？

主料

大米	100克
栗子	8~10颗
山药	半根

辅料

桂花蜜	适量

做法

1 大米淘洗干净，提前在清水中浸泡30分钟。

2 栗子洗净，用刀劈成两半，剥掉外壳，备用。

3 山药洗净、去皮，切成滚刀块，放在清水中备用。

4 砂锅中放入清水，大火烧开后将泡好的大米、备好的栗子、山药放入锅中，大火煮开。

5 转小火熬煮40~50分钟，期间用勺子搅拌，防止粘锅，待锅中栗子软烂，即可关火。

6 食用前可以根据个人口味，调入桂花蜜或红糖。

烹饪秘笈

生栗子剥皮会比较困难，可以买市售炒熟的栗子，也可以自己在家煮熟再剥，会轻松很多。这款粥用熟栗子也会更省时。

葱油笋尖

青葱知春意

⏱ 20 分钟　　🔪 低等

特色

扁尖笋是竹笋笋鞭的嫩尖。初春出笋的季节，每天新长出的笋不能及时吃完，使用盐水煮了，摊开晾晒，以便保存。味道咸鲜，是下粥的良品。

主料

扁尖笋	2 根

辅料

油	1 汤匙
细香葱	两三根

烹饪秘笈

1. 扁尖笋是盐腌的竹笋嫩尖，味道咸鲜，是下粥的良品。为了长期保存，咸味略大，需泡淡后食用。
2. 如嫌炸葱油麻烦，可直接淋香油或辣椒油。

推荐搭配

固本熟地粥	076
银耳菊花粥	078
栗子山药粥	080

做法

1 扁尖笋撕成细丝，用温开水泡发。

2 将扁尖笋泡至咸淡适口，挤干水分，切长段。

3 细香葱切成葱花，放在笋丝上。

4 烧热 1 汤匙油，淋在葱花上即成。

荷塘小景
荷叶莲肉粥

⏱ 60 分钟　🍲 中等

时令鲜品：群芳与百草

特色

以荷叶熬粥汤，新剥莲肉为粥米，象牙白的莲肉在淡绿的粥里载沉载浮，从视觉到意象都是完美的设计。夏日消暑，有一盏荷叶莲肉粥，为无上妙品。

主料

大米	100 克
新鲜莲蓬	2 个
新鲜荷叶	1 张

烹饪秘笈

1. 如果没有新鲜莲蓬，可用干莲子代替，煮时需提前浸泡。
2. 新鲜荷叶也可用干荷叶代替。

做法

1 大米淘洗干净，加1000毫升清水煮开。

2 荷叶冲净，撕成几片，用开水焯烫，放进锅中。

3 转小火，保持微沸，不时搅拌，防止煳底。

4 从莲蓬里剥出莲子，去掉种皮，分成两瓣，挑去莲心，放入粥中，搅拌均匀。

5 煮至米软粥稠、莲肉软烂，拣出荷叶即可。

初秋鲜味
菱角小米粥

⏱ 60分钟　🍲 中等

特色

新鲜菱角上市日短，并且采摘下来后不易保存，更显娇嫩。菱角味道清甜，除生食外也可清炒，与西芹荷兰豆同炒、炒虾仁，或煮粥。菱角煮粥，清脆可口。

主料

小米	100克
新鲜菱角	100克
干红枣	20克

烹饪秘笈

1. 鲜菱角可生食，因此不必久煮。
2. 加红枣可增加颜色和甜香的口感，不加也可以。
3. 没有新鲜菱角，可用荸荠、藕等新鲜果菜代替。

做法

1 干红枣用清水浸泡2小时，去核，切成4片。

2 小米淘洗干净，和红枣片一起放进锅里，加600~700毫升清水煮开，搅拌均匀，关火。

3 鲜菱角去壳，略加切碎，放入粥内，开火，煮开，搅拌，关火。

4 20分钟后再次开火，煮开即成。

特色

粥是小品，可做得宜人清新。新鲜嫩玉米是水嫩的象牙白，青豌豆颜色碧绿青翠，红米煮后开花，颜色是淡淡的粉红，三种食材在颜色上就使人愉悦。

主料

新鲜嫩玉米	1根
青豌豆粒	50克
红米	100克

烹饪秘笈

1. 嫩玉米粒可用刀顺玉米心切下。

2. 新鲜玉米粒鲜甜多汁，煮熟即可，不必久煮。

青嫩岁月
玉米豌豆粥

60分钟　中等

时令鲜品·群芳与百草

做法

1 红米淘洗干净，加800毫升清水煮开。

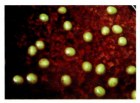

2 转小火，放入冲洗干净的青豌豆粒煮开，不时搅拌，防止糊底。

3 嫩玉米剥出玉米粒，冲洗干净，放进粥里，煮开。

4 煮至豌豆熟糯、米烂粥稠、玉米鲜甜即可。

外婆家乡菜
葱油蚕豆

🕐 40 分钟　　🔪 中等

推荐搭配

- 荷叶莲肉粥 083
- 菱角小米粥 084
- 玉米豌豆粥 085

+　+　+

特色

葱油蚕豆是蚕豆上市期间的家常菜，几乎每家餐桌上都会有一碗。为了口感更佳，新鲜蚕豆粒剥去豆嘴再炒，更易嚼和入味。葱香在这个菜里有提升品质的功用。

主料

新鲜蚕豆粒	100 克
细香葱	20 克

辅料

油	1 汤匙
盐	2 茶匙
料酒	1 汤匙

烹饪秘笈

蚕豆豆嘴皮老，不易入味，剥去一半，留下下半部分，和蚕豆米口感不同，增加耐嚼程度。

做法

1 新鲜蚕豆粒剥去豆嘴，留一半豆皮壳，洗净。

2 细香葱切成葱花，葱白、葱绿分开。

3 锅内烧热1汤匙油，爆香葱白。

4 放入蚕豆粒炒香，放盐炒均，加水没过蚕豆表面，焖至豆粒酥烂。

5 淋上料酒增香，收干汤汁。

6 撒上葱花，翻匀即成。

薄荷绿豆粥

清凉透心 · 50分钟 · 中等

特色

夏日消暑第一粥品，非薄荷绿豆粥莫属。薄荷的清凉，从枝头摘下嫩叶那一刻，气息刚吸入鼻尖，就让夏天的溽暑酷热闪避一旁，入口更是凉彻心房，配上绿豆粥一路凉到胃里，绿得安逸舒适。

主料

大米	80克
绿豆	50克
新鲜薄荷叶	20克

烹饪秘笈

薄荷叶很嫩，关火后再放不迟。

做法

1 绿豆淘洗干净，加800毫升清水煮至开花。

2 大米淘洗干净，放入煮绿豆的锅中。

3 搅拌均匀，煮开，转小火，煮至米烂粥稠。

4 新鲜薄荷叶洗净，切成小段，撒入粥中拌匀即可。

特色

春天，花椒树发芽，采下新芽做菜，有独特的清香。花椒芽除了炒蛋摊饼，保存的方法是焯水之后放入冰箱冷冻，吃时取出化冻。煮粥同样美味。

主料

大米	80克
中等大小土豆	1个
花椒芽	50克

辅料

荷叶	1张

烹饪秘笈

土豆含淀粉质较多，煮粥时水可适当多加。

春在枝头花椒芽
花椒芽土豆粥

40分钟　中等

02 时令鲜品：群芳与百草

做法

1 大米淘洗干净，加1000毫升清水煮开。

2 土豆去皮，洗净，切成1厘米左右的小丁，冲去表面淀粉，放入粥中。

3 搅拌均匀，改中火，用荷叶盖住锅面，防止潽锅，煮至土豆表面化沙，米烂粥稠。

4 花椒芽洗净，放入粥中，搅拌均匀，烫熟即好。

瓜香花色入碗中

40分钟 中等

黄花黄瓜粥

特色

黄花菜又名金针菜,是百合科植物黄花花苞的干制品,水发之后常与木耳搭配入菜,久而久之,忘了它原本是花。黄花菜既然打得卤做得汤,当然也可煮粥,配上清香的黄瓜,意象和香味两全其美。

主料

红米	100 克
干黄花菜	20 克
黄瓜	1 根
熟火腿	20 克

烹饪秘笈

1. 黄瓜易熟,切梭子形小块可保持脆口。
2. 黄瓜去皮后先切成手指粗细的条,再斜刀切入,一寸为度,即成梭子形块。
3. 干黄花菜泡发后略带酸味,挤干水分后再放入。
4. 熟火腿起到提鲜和改善口感的作用,没有也可以不加,或换成鸡丝等别的食材。

做法

1 红米淘洗干净,加 800 毫升清水煮开,转小火,保持微沸。

2 干黄花菜用温水泡发,择去老蒂,切成两段。

3 将黄花菜放入粥中,搅拌均匀,防止糊底,煮至米烂粥稠,转中火。

4 黄瓜去皮,切去两头,改刀切成橄榄大小的梭子形小块,放入粥中,煮开关火。

5 熟火腿切丝,放入粥中,拌匀即成。

误入闺阁
青椒炒大头菜丝

⏱ 40 分钟　🔪 中等

推荐搭配

- 薄荷绿豆粥 088
- 花椒芽土豆粥 089
- 黄花黄瓜粥 090

+　+　+

特色

香油拌大头菜丝,可是《红楼梦》中林黛玉开小灶才吃的下粥小菜哦。这里不用香油拌,用青椒丝炒,颜色搭配美观,也补充了维生素。下粥是真的好吃。

主料

青椒	两三个
大头菜	1个(150~200克)

辅料

油	1汤匙
白砂糖	1茶匙
生抽	1茶匙
干辣椒	两三根

做法

1 干辣椒用清水浸泡5分钟,去蒂、去子,剪成1厘米的小段。

2 青椒去蒂,洗净,切成丝。

3 大头菜切成丝,用清水浸泡5分钟,泡去一部分咸味。

4 锅里烧热1汤匙油,放入干辣椒段爆香。

5 待干辣椒变成棕红色时放入大头菜丝炒匀,放白砂糖调味。

6 放青椒丝翻炒均匀,临出锅时淋上1茶匙生抽,增色、提鲜、调味。

烹饪秘笈

1. 干辣椒起到增香的作用,如果喜欢吃辣可以多放。

2. 干辣椒用清水浸泡一下,以免油爆时焦糊。

3. 青椒丝起到搭配颜色的作用,多则出水,成菜不香。

葱白雪梨粥

神仙也甜润

60分钟 | 中等

特色

葱白粥,医家称为"神仙粥",感冒初起,头痛鼻塞之际,喝一碗刚出锅的热热的粥,可抵去不少身体上的痛苦。此款粥在葱白一味之外,又加秋梨一个,使粥汤更甜润。

主料

小米	100克
核桃仁	20克
雪梨	1个
大葱	1根

烹饪秘笈

1. 加核桃仁为丰富口感,增加香味和油脂,不加也可。
2. 梨不可久煮,久则不脆。

做法

1 小米淘洗干净,加800毫升清水煮开,搅拌均匀,关火。

2 核桃仁用开水浸泡20分钟,挑去皮,掰成小块,放入粥中,开火,煮开,搅拌均匀,关火。

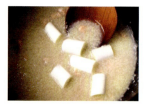

3 大葱只用葱白,剥去外层老皮,切成寸许长的段,拍破,放入粥中,开火,拌匀,关火。

4 梨去皮、去核,切成薄片,放入粥中,开火,搅拌均匀,拣去葱段,煮开即成。

特色

皂角米俗称雪莲子、皂角仁、皂角精，为皂荚的果实，其口感滑糯，晶莹透明。皂角米传统上就是煲粥做羹的食材，取其滑润的口感和晶莹的外观。

主料

小米	100 克
皂角米	20 克
枸杞子	10 克

烹饪秘笈

放枸杞子是为了点缀颜色，也可换成别的干果，如红枣等。

巧玲珑，玉晶莹
皂角米枸杞粥

40 分钟　中等

02 时令鲜品：群芳与百草

做法

1 皂角米用清水浸泡 2 小时以上。

2 枸杞子用清水浸泡 10 分钟。

3 小米洗净，放入锅中，放浸泡过的皂角米，加 800 毫升清水煮开。

4 搅拌均匀，防止糊底，关火，闷 20 分钟以上。

5 开火，放入枸杞子，搅拌均匀，关火，闷 20 分钟。

6 再次开火，搅拌均匀，以小米软烂、皂角米滑糯为度。

蛋白质早餐
小鱼干蒸蛋

⏱ 40 分钟　　✎ 中等

推荐搭配

- 葱白雪梨粥 094
- 皂角米枸杞粥 095

特色

早餐加个蛋,营养加一半,再加小鱼干,补充锌和钙。鱼干咸又鲜,鸡蛋营养全,鱼干好下饭,鸡蛋好加餐。轻松添美味,做法好简单。

主料

小鱼干	20克
鸡蛋	2个

辅料

油	1茶匙
料酒	1茶匙

做法

1 小鱼干择去头和肠,用温水泡发。

2 鸡蛋打散,放入料酒。

3 泡发的小鱼干放进蛋液里,泡鱼的水沉淀一下杂质,往蛋液中舀入两三汤匙。

4 拌匀,淋上油,上锅蒸10分钟至熟即可。

烹饪秘笈

1. 小鱼干正式名为海蜒,有足够的咸味,吃前需泡软,同时泡去一部分盐分。

2. 泡海蜒的水里有足够的咸味,蛋里就不用另外放盐了。

3. 蒸全蛋不够软嫩,加上几汤匙水可增嫩。但也不可多加,多则变蛋羹。

充满趣味的粥
60分钟
中等
嫩豌豆鹰嘴豆粥

特色

鹰嘴豆和豌豆形状和大小都近似,鹰嘴豆有个别名,又叫鸡豌豆,用鹰嘴豆和嫩豌豆同煮,暗藏着趣味,煮饭带了游戏的心情,生活充满快乐。

主料

嫩豌豆	30 克
鹰嘴豆	100 克
红枣	20 克

做法

1 鹰嘴豆用清水浸泡过夜。

2 红枣用温水浸泡 20 分钟以上。

3 鹰嘴豆加 1200 毫升清水煮开,转小火,保持微沸。

4 红枣去核,放入锅中,搅拌均匀,煮至豆子软烂。

5 取出一半豆子压成泥,放回锅中搅拌均匀。

6 嫩豌豆冲净,放入粥中,煮熟即成。

烹饪秘笈

1. 鹰嘴豆较硬,需提前浸泡。
2. 煮熟的鹰嘴豆取一半压成泥,起到令粥汤黏稠的作用;留一半不压成泥,以保持豆子的形状,口感更丰富。

3. 嫩豌豆取色,红枣取颜色、香味以及甜度。

姜汁肉松粥

实味鸡粥

⏱ 60分钟
🍲 中等

特色

姜汁肉松粥，名字里没有鸡，其实是鸡粥。粥用鸡汤熬成，加姜汁辟味提鲜，加肉松增味加盐，只因粥里看不见鸡肉，遂不用鸡粥之名。粥成鸡汤隐，深藏功与名。

主料～

大米	80 克
玉米糁	30 克

辅料～

肉松	1 汤匙
姜	1 小块
鸡汤	500 毫升
生抽	1 茶匙
葱花	少许

烹饪秘笈

1. 放玉米糁是为了增加膳食纤维，不放也可，或者换成别的小杂粮。
2. 肉松有咸味，粥里不用再放盐；并且加了生抽也有咸味了。

做法

1 大米和玉米糁淘洗干净，加500毫升鸡汤和500毫升清水煮开。

2 转中火，保持微沸，不时搅拌，防止糊底。

3 姜去皮，捣碎，放入10毫升清水泡出姜汁，用纱布包裹，把姜汁挤进粥里，搅拌均匀；煮至米烂粥稠即好。

4 吃时先在碗底放1茶匙生抽，舀进姜汁鸡汤粥，放上1汤匙肉松，撒上葱花，拌匀即成。

来自大山的馈赠
山珍蘑菇粥

75分钟 低等

时令鲜品：群芳与百草

特色
这款粥咸香开胃，蘑菇种类多样，我们可以根据自己的喜好，购买不同种类的蘑菇来搭配这道粥品。饱腹感强、开胃、增进食欲。

主料
大米	100克
各类新鲜蘑菇	200克
咸瘦肉火腿	50克

辅料
盐	1茶匙
葱花	少许

烹饪秘笈
1. 蘑菇首选新鲜香菇，其他蘑菇也可混合食用。
2. 如果没有咸瘦肉火腿，用咸香肠代替也可以，但不能用淀粉类火腿肠代替。
3. 火腿中含有盐分，因此粥里放的盐要适量减少。

做法

1 大米洗净后，用清水浸泡30分钟。

2 蘑菇、火腿洗净后切丁。

3 锅内清水用大火烧开，倒入大米煮沸，转小火熬煮20分钟。

4 加入蘑菇、火腿，小火继续熬煮20分钟。

5 撒入盐、葱花，搅拌均匀后关火，盖锅盖闷5分钟即可。

别有暗香销魂
腐乳炒蛋

⏱ 20分钟　　🔪 低等

特色

早餐吃蛋的又一种方法，用腐乳炒，咸香开胃，有别样的香气。腐乳虽然是下粥的标配，但一来普遍太咸，二来营养有限，配上鸡蛋炒香，则两全其美。

主料

鸡蛋	2个
腐乳	2块

辅料

油	2汤匙
葱花	少许

烹饪秘笈

1. 腐乳有香油白腐乳和红油腐乳，可依个人口味选用。
2. 腐乳有大小之别，小的用2块，大的用1块。
3. 腐乳有足够咸味，炒蛋时不必另放盐。如觉不咸，可稍加盐或多加半块腐乳。

推荐搭配

嫩豌豆鹰嘴豆粥	098
姜汁肉松粥	100
山珍蘑菇粥	101

做法

1 鸡蛋打散，备用。

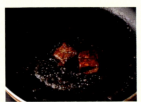

2 锅内烧热2汤匙油，转小火，放入腐乳，用锅铲捣碎，炒出香味。

3 改大火，倒入蛋液炒匀。

4 撒上葱花，翻匀即好。

蚕米油豆腐粥

冬日下午茶
40分钟
中等

时令鲜品：群芳与百草

特色

此款粥很适合作为漫长下午的点心，蛋糕、司康、面包、三明治虽然也不错，但还是中式粥品更适合中国胃。在冬日的午后，三四点时来一小碗，温暖而贴心。当然作为晚间的宵夜也不错。

主料

冷饭	2小碗
蚕豆米	50克
油豆腐	30克
骨头汤	500毫升

辅料

盐	1茶匙
胡椒粉	少许

烹饪秘笈

如果没有骨头汤，只放开水也可以。

做法

1 冷饭加500毫升骨头汤和开水500毫升煮开，改小火保持微沸。

2 油豆腐用清水冲净，改刀切对半，放入粥中，搅拌均匀。

3 煮至饭粒开花，粥汤浓稠，放入洗净的蚕豆米。

4 放盐和胡椒粉调味，搅拌即成。

⏱ 40分钟
🍳 中等

绿如碧玉 透如玉

蚕豆皂角米粥

特色

用新鲜蚕豆剥出来的蚕豆瓣煮粥，取其翠绿的颜色，配上晶莹剔透的皂角米，光是看，就觉得清雅可爱。再加上滑润的桂圆肉，香甜的糖桂花，怎么看都是一幅画。

主料

新鲜蚕豆瓣 100 克 / 皂角米 50 克 / 桂圆肉 20 克

辅料

蜂蜜 1 汤匙 / 葱花 随意

烹饪秘笈

生蚕豆瓣打浆有豆腥味，煮熟再打浆则避免了这个问题。

做法

1 皂角米和桂圆肉用清水浸泡 1 小时以上。

2 将皂角米和桂圆肉洗净，加 500 毫升清水煮开，转小火，保持微沸，直至皂角米软烂，桂圆肉香滑。

3 蚕豆瓣冲净，加 500 毫升清水煮熟，稍凉后用搅拌机打成浆。

4 将蚕豆浆倒进皂角米桂圆粥中，煮开，搅拌均匀即成。

5 吃时拌入蜂蜜。或可按个人喜好点缀葱花少许。

桑叶糯米粥

如夏桑菊般清新

40分钟 · 低等

时令鲜品：群芳与百草

特色

夏天的夏桑菊饮料来自三味：夏枯草、桑叶、甘菊花。新鲜桑叶也可熬粥，只是城市里鲜见，但药房里有干桑叶出售，仍可煮水、泡茶、熬粥。

主料

糯米	100克
干桑叶	20克
新鲜百合	30克

烹饪秘笈

1. 干桑叶在超市和药房有售。
2. 新鲜百合易熟，不必久煮。
3. 如无新鲜百合，可用干百合代替，需提前浸泡，用量稍减。

做法

1 糯米用清水浸泡过夜。

2 新鲜百合剥去外层老瓣，拆分开，洗净。

3 煮开1200毫升水，将干桑叶泡10分钟。

4 倒出桑叶水，将洗净的百合瓣放入桑叶水中煮开。

5 煮至八分酥时，倒入充分浸泡过的糯米。

6 搅拌，煮开，关火，加盖闷5分钟即好。

此味最清鲜
炝炒萝卜缨

⏱ 20分钟　　难度 低等

特色
萝卜缨是萝卜的嫩叶，纤维较粗，但味道清香，四川地区常用其作为泡菜的原料。泡过的萝卜缨清炒或加肉末炒，下饭下粥都是极佳。没有泡菜坛，曝腌炝炒同样清鲜。

主料
萝卜叶	100克
干辣椒	两三根

辅料
油	1汤匙
盐	1汤匙

烹饪秘笈
萝卜叶不可久炒，断生即可。

推荐搭配
蚕米油豆腐粥	103
蚕豆皂角米粥	104
桑叶糯米粥	105

做法

1 萝卜叶洗净，切碎，用1汤匙盐揉匀，腌10~20分钟。

2 将萝卜叶挤干水分，备用；干辣椒用清水浸泡5分钟，去蒂和子，剪成1厘米长的小段。

3 锅内烧热1汤匙油，爆香干辣椒段。

4 等干辣椒变色至棕红，下萝卜叶翻炒均匀即好。

百合酒酿粥

红颜微醺 · 40分钟 · 中等

时令鲜品：群芳与百草

特色

百合甘润，酒酿香甜，小米软糯。三者搭配，把小米的米香通过酒酿的挥发慢慢带出，口感错落有致，香味有先有后，可称宜胃、宜肺、宜红颜。

主料

新鲜百合	50 克
小米	50 克
甜酒酿	250 克

辅料

红糖	10 克

烹饪秘笈

取红糖的色和香，不用多放，甜酒酿已经够甜了。

做法

1 新鲜百合剥去外层老瓣，拆开分瓣，洗净。

2 小米淘洗干净，和百合一起放入锅内，加400毫升清水煮开，搅拌均匀，关火，闷20分钟。

3 第二次开火，煮开，放入甜酒酿搅拌均匀，关火，闷20分钟。

4 第三次开火，放入红糖煮开，至糖化即成。

香橙苹果粥

果香缠绵入粥底

⏱ 40分钟　　难度 中等

特色
水果入粥,多半切碎改小,仍可见颗粒。此款粥把苹果和香橙打成果汁,加入熬好的米粥中,果香四溢。一粒粒的橙果粒和大米的米粒交相辉映,晶莹好看。

主料
橙子	半个
苹果	1个
大米	80克

烹饪秘笈
如无搅拌器,苹果可用刀切成小丁,橙子可去皮瓤,撕碎,略切几刀,破开果粒,让果汁流出。

做法

1 大米淘洗干净,放冰箱冷冻室冷冻过夜。

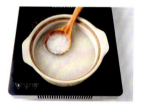

2 取出大米,加600毫升清水煮开,转中火,不时搅拌,防止煳底,煮至粥稠,改小火。

3 苹果洗净,去皮、去核,切成大块;橙子分瓣,与苹果一起放入搅拌器里打成粗粒。

4 将果粒连同果汁一同倒入粥中,煮开搅匀即成。

妈妈的私房粥
焙米苦荞粥

⏱ 40分钟　难度 中等

时令鲜品：群芳与百草

特色
把大米炒熟，称为焙米，用焙过的米煮粥，粥汤清爽，米粒煮至开花，仍然粒粒可数，夏天放凉之后再吃，爽滑易落，是娃夏渡暑时节的恩物。

主料
苦荞	50克
大米	100克

烹饪秘笈
1. 焙米时用小火，防止炒焦。
2. 焙过的米吸水性变差，水要少放。

做法

1 苦荞淘洗干净，加600毫升清水煮开，转小火，保持微沸。

2 大米洗净，沥干水分，放在炒锅内，用小火慢焙。

3 不停翻炒约10分钟，焙至米粒微焦、开花，香味传出，倒入苦荞粥中。

4 转中火煮开，搅拌均匀，煮至米粒开裂，苦荞软烂即成。

妙手调味巧用酱
花椒芽鸡蛋酱
⏱ 20分钟　🔪 中等

特色
鸡蛋也可吃得味重，时新小菜也可做得香浓。用酱炒鸡蛋，油不妨多，味不妨厚，料不妨多，多做点，下饭下粥，甚至拌面条，都是极佳的配菜和浇头。

主料
花椒芽　　　　　100克
鸡蛋　　　　　　2个

辅料
油　　　　　　　3汤匙
大酱　　　　　　2汤匙

烹饪秘笈
1. 大酱有咸味，不必另加盐。
2. 没有大酱，可用甜面酱等代替。
3. 也可用别的蔬菜代替花椒芽。

推荐搭配
百合酒酿粥　　　107
香橙苹果粥　　　108
焙米苦荞粥　　　109

做法

1 花椒芽洗净，切碎；鸡蛋打散；大酱加5汤匙清水调开，备用。

2 锅内烧热1汤匙油，炒熟鸡蛋，用锅铲捣碎，倒出。

3 烧热剩下的油，放入花椒芽，炒至变色，下调好的酱水炒匀。

4 炒出香味后放入炒熟的鸡蛋，翻匀即可。

Chapter 03

山珍海味：
肉类与水族

鲜甜粉糯融一味
牡蛎芋头粥
40 分钟 · 中等

特色

牡蛎鲜甜，煮粥软绵，配上酥糯的芋头，尝得到海味，也吃得到山货。大米为粥底，托起山与海的丰美，滋味悠远，回味无穷。

主料

大米	80克
中等大小芋头	1个（约250克）
去壳牡蛎肉	250克
丝瓜	1根

辅料

盐	1茶匙
料酒	1汤匙
胡椒粉	少许
油	1茶匙
姜	2片

做法

1 大米淘洗干净，加油和盐腌10分钟。

2 大米加清水1000毫升煮开，转中火，不时搅拌，防止糊底。

3 芋头洗净，去皮，切成1厘米大小的丁，放入粥中，煮开，搅拌均匀。

4 牡蛎肉洗净，沥干，用料酒和姜腌渍10分钟以上。

5 煮至米烂粥稠时，放入牡蛎和胡椒粉煮开，拌匀。

6 丝瓜洗净，去皮，切丁，放入粥中，煮开拌匀即成。

烹饪秘笈

1. 牡蛎不可久煮，久煮肉老。
2. 丝瓜易熟，放入后断生即好。

乡间清欢
螺肉红薯粥

⏱ 40分钟　🍳 中等

特色

田螺藏于溪流，红薯埋于泥中，瓦煲炭火一相逢，便成人间至味。相比于牡蛎的海远水阔，田螺就乡土得多了，溪沟河流，堰塘水泽里都有田螺，食材常见，美味唾手可得。

主料

大米	80 克
红薯	200 克
田螺肉	100 克

辅料

油	1 茶匙
盐	1 茶匙
料酒	1 汤匙
胡椒粉	少许
葱花	少许
姜	2 片

烹饪秘笈

螺肉不易煮糯，时间需长一些。

做法

1 大米淘洗干净，沥干水分，用盐和油腌10分钟以上。

2 田螺肉洗净，用料酒、姜、胡椒粉腌10分钟以上。

3 大米和螺肉放入锅中，加800毫升清水煮开，转小火煮40分钟，不时搅拌，防止煳底或溢出。

4 红薯洗净，去皮，切成小块，放入粥中，煮至米烂粥稠、红薯软烂、螺肉酥嫩即可。

5 吃时撒上葱花。

特色

乌鱼肉细腻，刺少，蛋白质含量高，一直是熬汤煮粥的食材，传统上用于养病和生肌。此粥在乌鱼粥的基础上添加虾肉，一来增色，二来丰富口感。配以生菜丝，粉红青绿，清香扑鼻。

主料

大米	100 克
虾仁	50 克
乌鱼肉	50 克
生菜	50 克

辅料

盐	1 茶匙
姜	2 片
料酒	1 汤匙
胡椒粉	少许

烹饪秘笈

乌鱼也可换成别的刺少的鱼。

40 分钟　中等

鱼和虾，吾所欲

鱼虾生菜粥

山珍海味：肉类与水族

做法

1 大米淘洗干净，加 1000 毫升清水煮开，转小火，不时搅拌。

2 乌鱼切片；虾仁开片，挑出虾线；乌鱼和虾仁用盐、料酒、姜、胡椒粉腌 10 分钟以上。

3 候粥煮稠，放入腌好的鱼片虾仁搅拌均匀。

4 生菜洗净，切成小片，放入粥中即成。

初识韩风从伊始
香辣桔梗丝

⏱ 40分钟　　🔪 中等

特色
每当耳边响起《桔梗谣》的旋律，便会想吃亲手拌的香辣桔梗丝。第一个学会的韩语词汇不是"思密达"，而是"道拉吉"（桔梗）。

主料
桔梗	100克
梨	半个
细香葱	两三根

辅料
蒜蓉辣酱	1汤匙
麦芽糖	1茶匙
盐	1汤匙
香油	1茶匙

烹饪秘笈
1. 桔梗略有苦味，要用盐反复揉透，多次漂洗。
2. 麦芽糖除增加甜味外，也有增稠的作用，如果没有，也可以换成白砂糖。

推荐搭配
牡蛎芋头粥	112
螺肉红薯粥	114
鱼虾生菜粥	115

做法

1 桔梗洗净，去皮，切成细丝。

2 用盐将桔梗反复揉匀，腌20分钟以上，洗净，挤干水分。

3 将桔梗用蒜蓉辣酱、麦芽糖、香油拌匀。

4 梨洗净，去皮、去核，切成丝；细香葱切寸段。将梨丝和葱段与桔梗丝拌匀即成。

雪菜墨鱼粥

咸鲜最开胃

60分钟 / 中等

03 山珍海味：肉类与水族

特色

墨鱼和雪里蕻是经典搭配，墨鱼炒雪里蕻常用来下粥下饭，煮在粥里同样美味。用墨鱼本身的鲜和新腌雪里蕻的清香，带出粥的好滋味。

主料

大米	100 米
墨鱼	50 克
猪肉糜	30 克
青腌雪里蕻	30 克

辅料

盐	1/2 茶匙
胡椒粉	少许
姜	3 片
料酒	1 汤匙

烹饪秘笈

1. 腌雪里蕻有足够咸味，粥里不用再放盐。
2. 放猪肉糜是取里面的油脂，又增加肉香，粥里不用另外放油。
3. 雪里蕻选新腌不久的青雪里蕻，清香不咸。

做法

1 猪肉糜用盐、1茶匙料酒、胡椒粉拌匀。

2 墨鱼洗净，切1厘米粗的条，用余下的料酒、姜片腌10分钟。

3 大米洗净，加清水1000毫升煮开。

4 放墨鱼条和猪肉糜搅拌均匀，小火煮至米烂粥稠、墨鱼绵软。

5 青腌雪里蕻洗净，挤干水分，切成碎末，撒入粥中拌匀即成。

一虾二味
虾油虾仁粥
40 分钟 | 高等

做法

1 大米淘洗干净，放冰箱冷冻室冷冻过夜。

2 虾洗净，剪去虾须，取下虾头，用厨房纸吸干水分。

3 虾身剥去虾壳，挑去虾线，用盐、姜、料酒、胡椒粉拌匀，腌10分钟以上。

4 大米加1000毫升清水煮开，保持微沸，不时搅拌，防止糊底。

5 炒锅放油烧热，放虾头慢火炸香，待油变成橘红色，即成虾脑油。

6 粥煮至浓稠后放入腌过的虾仁，烫熟后舀入2汤匙虾脑油，拌匀。

7 芹菜洗净，切成细粒，撒入即可。

特色

苏帮菜里有一道"三虾面"，是用虾仁、虾脑、虾子作为面的浇头，清鲜美味，这道粥便是化自这碗面。把虾脑改炸虾脑油，浇在粥上，增色增香。

主料

大米	100克
鲜虾	250克
芹菜	1根

辅料

油	50克
盐	1茶匙
姜	3片
料酒	1汤匙
胡椒粉	少许

烹饪秘笈

1. 炸过的虾头控干油，撒少许盐和花椒粉，即成一道油炸虾头，下粥下酒两宜。
2. 大米也可换成小米，或加入适当的其他杂粮。

03 山珍海味：肉类与水族

弹牙煮味 海参姜丝粥

⏱ 60分钟　难度 中等

特色

这道粥化自餐厅的一道菜"小米炖海参",作为菜时,海参整个上桌,成菜漂亮;家庭制作,粥底可多,海参可少,只作为点缀之物,吃的是海参弹牙的口感。

主料

小米	100克
水发海参	1个
鸡汤	800毫升

辅料

姜	1块
盐	1茶匙
料酒	1汤匙
芹菜	1根

烹饪秘笈

1. 没有鸡汤,也可用骨头汤,或加高汤宝等作料。
2. 如有新鲜海参,则需延长蒸制时间,以软糯为度。

做法

1 小米淘洗干净,加鸡汤煮开,搅拌均匀,关火,闷20分钟。

2 海参去肠,洗净,切成薄片,加盐、料酒腌5分钟。

3 姜去皮,切成细丝,放在海参上,上锅蒸10分钟。

4 粥重新煮开,放入蒸熟的海参片,搅拌均匀,关火。

5 芹菜洗净,切成丁。

6 海参粥煮开,撒上芹菜丁即成。

传统经典
盐水煮毛豆

⏱ 40分钟　🔪 低等

特色
盐水毛豆是拉开夏日夜啤酒的开场之作，有了这道碧绿的小菜，自剥自饮，怡然自得。作为下粥之物，同样咸鲜开胃，并且在淀粉之外，还补充了大豆蛋白。

主料
毛豆角	100克

辅料
八角	1个
盐	1茶匙

烹饪秘笈
毛豆剪角是为了更易入味，成菜也整齐漂亮。不剪也可。

推荐搭配
雪菜墨鱼粥	117
虾油虾仁粥	118
海参姜丝粥	120

做法

1 毛豆角用剪刀剪去两头，洗净。

2 加清水没过毛豆角，放八角和盐煮开。

3 改小火，煮至毛豆软烂入味即可。

03 山珍海味：肉类与水族

天下第一粥

⏱ 60 分钟　难度 高等

香菇皮蛋瘦肉粥

特色

作为粤菜粥品里知名度最高的一道粥,已经成为全民美食和全国化的早餐小品,竟然在洋快餐肯德基里也能找到它,可见它是中餐的代表。

主料

大米	100 克
干香菇	5 朵
皮蛋	1 个
猪肉糜	50 克

辅料

盐	1 茶匙
油	1 茶匙
料酒	1 茶匙
胡椒粉	少许
葱花	少许

做法

1 香菇洗净,用200毫升温水浸泡,切成细丝,备用。

2 大米淘洗干净,用盐和油拌匀,浸泡20分钟。

3 泡过的大米加1000毫升清水,和浸泡香菇的水煮开,转中火保持沸腾。

4 放入香菇丝,不时搅拌,防止糊底和溢出。

5 猪肉糜用盐、料酒和胡椒粉抓匀,备用。

6 皮蛋切丁,用少量油拌匀,防止粘连。

7 候粥煮至米粒糊化,粥汤黏稠,放入猪肉糜和皮蛋丁,拌匀烫熟即成。

8 吃时撒上葱花。

烹饪秘笈

1. 新鲜香菇不如干香菇味道香浓,选干香菇为上。

2. 粥中还可加入菜干等,增加膳食纤维。

3. 传统做法,粥上桌时还要撒上薄脆粒以增加口感,家庭制作备料没有那么充分,喜欢的可用薯片或玉米脆片等代替。

何为靓粥
60 分钟
高等

窝蛋生滚牛肉粥

特色

生滚粥和老火粥都是粤菜粥品里的代表，生滚粥是加了粥料一锅而出，老火粥是煲好粥底，客人点了之后再加粥料。家庭日常制作不会备那么多料，生滚便得。

主料

大米	100克
牛肉	50克
鸡蛋	1个
生菜	20克

辅料

盐	1茶匙
料酒	1茶匙
胡椒粉	少许
蚝油	1茶匙
姜	2片

做法

1 大米淘洗干净，加1200毫升清水煮开。

2 转中火，保持沸腾，不时搅拌，防止煳底和溢出。

3 牛肉切薄片，用盐、料酒、胡椒粉、蚝油、姜腌30分钟以上。

4 候粥煮至米粒糊化，粥汤黏稠，放入牛肉片烫熟。

5 生菜洗净，切成细丝撒在上面。

6 在粥面舀出一个低陷的小窝，打进生鸡蛋，略煮三四分钟，稍微凝结即成。

烹饪秘笈

1. 牛肉预先腌渍入味，可使肉质嫩滑。
2. 不用担心鸡蛋不够熟，搅拌之后蛋液混入粥中，粥的热度足够将半熟的流动蛋液烫熟。

天生此材必有用

⏱ 60分钟
🍲 高等

盐焗鸡肉香菜粥

特色

利用边角余料来煲粥,一样美味。盐焗鸡咸香可口,食余留下的鸡骨架,弃之可惜,除了可用来煲汤,也可用来煮粥。卫生起见,不妨先拆下骨架,鸡肉切为一盘。

主料

小米	100克
盐焗鸡	半只
香菜	50克

辅料

胡椒粉	少许

做法

1 盐焗鸡撕下鸡皮和鸡肉,剔出骨架。

2 加1200毫升清水煮成鸡骨架汤,熬剩约800毫升汤,捞出骨架,加入胡椒粉拌匀。

3 放入淘洗干净的小米煮开,搅拌均匀,关火,闷20分钟。

4 盐焗鸡胸肉撕成小条,放入粥中煮开,搅拌均匀,关火。

5 香菜择去老梗黄叶,洗净,切长段,放入粥中,煮开即可。

6 拆下的盐焗鸡丝另置碟内,可佐粥食用。

烹饪秘笈

1. 盐焗鸡有足够咸味,粥里不必再放盐。
2. 盐焗鸡通常带鸡爪,鸡爪稍硬,可放入汤中同煮。

山珍海味:肉类与水族

有辣便有味
辣味黄豆芽

🕐 20 分钟　✏️ 低等

推荐搭配

香菇皮蛋瘦肉粥　　窝蛋生滚牛肉粥　　盐焗鸡肉香菜粥
　122　　　　　　　　124　　　　　　　　126

特色

下粥的小菜，一要鲜，二要稍咸，三要开胃。《红楼梦》中贾母说"野鸡崽子炸两块，咸浸浸的，吃粥有味儿"，这便是下粥菜的要领。辣味黄豆芽虽然普通，却是深谙其中三味。

主料

黄豆芽	100 克

辅料

辣椒粉	1 茶匙
油	1 汤匙
蒜	2 瓣
生抽	1 茶匙
醋	1/2 茶匙
盐	少许
白砂糖	1 茶匙

做法

1 黄豆芽择洗干净，焯熟，沥干备用。

2 取一个小碗，放入辣椒粉，烧热1汤匙油，淋入碗中。

3 蒜去皮，压成泥，放入辣椒油中拌匀。

4 碗中放入生抽、盐、白砂糖、醋拌匀。

5 淋在黄豆芽上，拌匀即可。

烹饪秘笈

如淋辣椒的油已经不够热了，不能激发出蒜蓉的香味，可放入微波炉加热20秒。

渔家的美味
艇仔鱼生粥
60 分钟　高等

做法

1 大米淘洗干净，用清水浸泡20分钟以上。

2 干贝冲净，倒上料酒，蒸至软烂，撕成细丝备用。

3 熟猪肚切成1厘米宽的长条。

4 锅内放1200毫升清水煮开，放大米、干贝、猪肚，以及蒸干贝的汁煮开，转小火，保持微沸，直至粥稠。

5 草鱼洗净，切成薄片，用盐、料酒、胡椒粉抓匀，腌渍入味。

6 生菜洗净，切成丝。

7 取一碗，在碗底铺上几片薄鱼片。

8 浇进滚粥，把鱼片烫熟；撒上花生米、姜丝、生菜丝即成。吃时可浇上少许生抽调味。

特色

传说有渔家在广州荔枝湾的小船上出售此粥，当地把小船叫"艇仔"，因而得名。先煲好粥底，按客人口味各有添加，但鱼肉和猪肚必不可少，无鱼不鲜，无肚不浓，还有提升口感的油炸薄脆。

主料

大米	100米
草鱼肉	50克
干贝	10粒
熟猪肚	50克
生菜	30克
熟花生米	适量

辅料

盐	1茶匙
生抽	少许
姜丝	少许
料酒	1汤匙
胡椒粉	少许

烹饪秘笈

1. 鱼片要薄，一烫即熟，如果不够薄，可放入粥中稍煮片刻。
2. 艇仔粥配料多样，此为基础粥，可依口味随意添加菜品。

有煲治好粥
⏱ 60 分钟
🍲 高等

腊鸭芥菜粥

做法

1 腊鸭脯洗净，切成两三厘米宽的块。

2 放入开水锅中，加料酒煮开，捞出沥干。

3 大米淘洗，焯过水的鸭脯肉一同放进锅中，加1000毫升清水煮开，转小火，保持微沸，不时搅拌。

4 芋头洗净，去皮，切成1厘米厚、2厘米宽的大块。姜切姜丝备用。

5 烧热油，放芋头炸至微黄，放在厨房纸上吸掉多余的油。

6 炸过的芋头放入粥中煮开，撇去浮沫，小火慢煮，至米烂粥稠、芋头绵软为度。

7 大芥菜洗净，切段，放入粥中，煮至断生即好。

8 放入胡椒粉和盐调味，吃时撒上姜丝。

特色

此粥是从腊鸭芥菜煲中化出，基本上差不多的好汤都可化为粥，粥汤一锅，同煲共馔，紧炊慢炖，有味入汤，有质入粥，菜米共生，粥烂入味，便是好粥一碗。

主料

大米	80克
芋头	50克
腊鸭脯	1块
大芥菜	100克

辅料

油	50克（实耗5-10克）
姜	1块
料酒	1汤匙
胡椒粉	少许
盐	少许

烹饪秘笈

1. 芋头炸过之后不易掉粉，易保持形状。
2. 腊鸭有咸味，盐也可不放，如不够咸再适量添加。

三鲜四美五杂煮
猪杂芹菜粥

60 分钟 | 高等

做法

1 姜切丝；熟猪肚、熟猪心、熟猪舌切片，心舌肚片放入开水锅中，水中加料酒焯烫，捞出沥干。

2 大米洗净，加1200毫升清水煮开，放入心舌肚片搅匀，转小火保持微沸。

3 猪肝洗净，切成薄片，用清水冲去血沫，捞出沥干。

4 猪肝中放生抽和蚝油抓拌均匀，腌渍入味。

5 候粥汤浓稠，开大火，逐片放入猪肝烫熟，放入盐和胡椒粉，搅拌均匀。

6 芹菜洗净切末，放入粥中搅匀即成。

7 吃时撒上姜丝。

特色

熟猪肚、熟猪心、熟猪舌通常连称为心舌肚，也称三鲜，熟食铺有售，不必自己花时间紧洗慢炖，花上数倍精力。加上鲜猪肝，通称猪杂，用来煲粥，四鲜齐美。

主料

大米	100克
熟猪肚	50克
生猪肝	50克
熟猪心、熟猪舌	各适量
芹菜	1根

辅料

姜	1块
胡椒粉	1茶匙
盐	1茶匙
料酒	1汤匙
生抽	1茶匙
蚝油	1汤匙

烹饪秘笈

熟猪肚、熟猪心、熟猪舌通常连称为心舌肚，也称三鲜，熟食铺有售。

自带味极鲜
蒜泥海带结

🕐 20分钟　　🔖 低等

特色
海带结或海带丝超市和菜市场都有售，物易得，价极廉，做法更是简单，味道却是相当好。海带自身带有的鲜味物质便是味精的成分，此物可称"味极鲜"了。

主料
水发海带结　　　　　100克

辅料
蒜　　　　　　　　　3瓣
生抽　　　　　　　　1茶匙
醋　　　　　　　　　1/2茶匙
白砂糖　　　　　　　1茶匙
香油　　　　　　　　1茶匙

烹饪秘笈
如没有现成的水发海带结，可选用干品，提前一晚上浸泡。

做法

1 海带洗净，放开水锅里焯烫，捞出沥干。

2 蒜去皮，压成泥，放在小碗里，加1汤匙纯净水搅拌成蒜泥酱。

3 加入香油、生抽、白砂糖、醋拌匀。

4 淋在海带结上，拌匀即成。

推荐搭配
艇仔鱼生粥　　　130
腊鸭芥菜粥　　　132
猪杂芹菜粥　　　134

虾滑小米粥

探囊挤袋，便成美味

⏱ 60分钟　🍲 中等

03 山珍海味：肉类与水族

特色
此粥是从澳门豆捞里的虾滑处得来的灵感。虾滑既然打得边炉烫得火锅，当然也可用来滚粥。有现代冷链为依托，半成品原料易得，在家即可制作美食。

主料
小米	100 克
虾胶	1 袋
青豌豆粒	30 克

辅料
生抽	1 茶匙

烹饪秘笈
1. 超市冷冻冰柜有打好的三角形塑料包袋的虾胶出售，解冻即可使用。
2. 虾胶易熟，变色即可关火。

做法

1 虾胶提前解冻。

2 小米淘洗干净，加1000毫升清水煮开，搅匀，关火，加盖闷20分钟。

3 青豌豆粒冲净，放入粥中，开火煮开，搅匀，关火。

4 再次煮开，把虾胶的袋尖剪开一个口子，挤出小指头长短的一段，用剪刀剪断，放入粥中，直至挤完所有的虾胶。

5 搅拌均匀，煮熟即可。吃时可按口味加入生抽。

60 分钟
中等

滑是鸡肉滑，糯是银杏糯

滑鸡银杏粥

做法

1 姜拍破，取一半略切两刀，改为粗粒；细香葱择洗干净，留两根切成葱花，余下的分为两组，分别打成葱结。

2 干香菇洗净，用200毫升温水泡发，捞出切成细丝，泡香菇的水沉淀备用。

3 鸡腿洗净，剔出大骨，敲为两段，用1000毫升清水煮开。

4 鸡骨汤撇去浮沫，转为小火，放入一半姜块、一个葱结、一半料酒，以及香菇水。

5 大米淘洗干净，和香菇丝、银杏一起放入鸡骨汤中，搅匀，小火慢煮。

6 鸡腿肉切成2厘米见方的块，放盐、料酒、胡椒粉、蚝油、姜粒、葱结抓拌均匀，腌渍入味。

7 待粥汤浓稠后，拣出鸡大骨、姜块和葱结，放入腌渍过的鸡肉，煮熟。

8 吃时撒上葱花即成。

特色

四川青城山有一道名菜"银杏母鸡汤"，乃是用老母鸡加银杏慢炖八小时而成，鲜美难言，此粥便是从这道浓汤中化出。若有老鸡汤，舀几勺煲粥便好，如无，因陋就简也不妨。

主料

大米	100克
鸡腿	1只
去壳银杏	14粒
干香菇	5朵

辅料

姜	1块
盐	1茶匙
料酒	1汤匙
蚝油	1汤匙
胡椒粉	少许
细香葱	1小把

烹饪秘笈

鸡腿肉比鸡胸肉更嫩，做这款粥，选鸡腿为佳。

香鲜为上
40分钟 高等
上汤蛤蜊粥

做法

1 蛤蜊洗净，养半日，吐净泥沙，放开水锅中，加料酒和几片姜煮至开壳，捞出冲净。

2 蛤蜊取肉，剩下几只带壳的蛤蜊；煮蛤蜊的汤沉淀备用。

3 皮蛋剥壳，竖剖切开，再切为3瓣，改刀成6瓣。

4 锅内烧热油，放皮蛋煎至表皮结壳，加入500毫升清水和1碗蛤蜊汤煮开。

5 放入米饭打散，放入蛤蜊肉和几只带壳蛤蜊，以及余下的姜片。

6 大火煮开，撇去浮沫，转中火煮至粥稠。

7 生菜洗净，切成细丝，放入粥中，搅匀。

8 吃时撒入胡椒粉和盐拌匀即成。

特色

此粥从粤菜中的"上汤菜"中化出，"上汤"即用煎过的皮蛋加汤滚白而成。热油加滚水猛火冲开，油脂乳化，形成白色浓汤。煎过的皮蛋有独特的香味，再加蛤蜊，鲜香无比。

主料

冷饭	2小碗
蛤蜊	100克
皮蛋	1个
生菜	30克

辅料

油	1汤匙
盐	1茶匙
姜	1块
料酒	1汤匙
胡椒粉	少许

烹饪秘笈

1. 皮蛋用油煎后加水煮开，是为上汤。因要用油煎，可选用耐热的砂锅或可油煎的深底不粘锅。

2. 留几只带壳蛤蜊在粥中，视觉上有吸引力。

泡饭搭档
油条蘸酱油

⏱ 5分钟　　🔪 低等

特色
油条是北方地区早餐里的主角，也可称为一种主食，但油条蘸酱油不是主食，而是小菜。过去上海人家早上常吃用带锅巴的冷饭煮的饭粒刚散开的粥，称为"泡饭"，下泡饭的小菜便是切碎的油条蘸酱油。

主料
油条　　　　　　一两根

辅料
生抽　　　　　　1茶匙

烹饪秘笈
1. 如果时间充裕，可以自己在家做油条，吃着更健康，更放心。
2. 购买油条时，选择刚炸出锅的，表皮香脆、口感更佳。

推荐搭配
虾滑小米粥　　137
滑鸡银杏粥　　138
上汤蛤蜊粥　　140

做法

1 油条切小段，放在盘中。

2 生抽倒入小碟中，随油条上桌，蘸食。

胡椒猪肚粥

60分钟 · 中等 · 冬日暖胃数第一

特色

胡椒猪肚粥是胡椒猪肚汤的衍生品,有好汤便可煲靓粥,做法相似,食材相类,添一把米便可化汤为粥。猪肚需辟味,白胡椒是标配,冬日有此物,最是暖胃热身。

主料

熟猪肚	100克
冷饭	2小碗
鸡汤	500毫升
生菜	30克

辅料

白胡椒粒	10克
盐	1茶匙

烹饪秘笈

1. 用米饭煮粥,更为快捷。且猪肚易熬出浓汤,若用生大米煮,有时会过于黏稠。
2. 没有鸡汤,可用骨头汤,或者清水也可以。

做法

1 熟猪肚切1厘米宽的粗条,白胡椒碾成粗粒。

2 鸡汤加500毫升清水煮开,放入肚条和白胡椒粗粒,小火煮10分钟,煲出香味。

3 放入米饭打散,转中火煮至粥汤浓稠,放盐调味。

4 生菜洗净,切成细丝,撒入粥中,拌匀即成。

山珍海味:肉类与水族

火腿咸蛋菜心粥

咸淡两不误

40分钟 | 中等

特色

佐粥的良品,第一非咸鸭蛋莫属。蛋黄多油咸香,通常最先吃完,留下蛋白,多半过咸,不易下口。既然如此,不妨先取过咸的蛋白,煮入粥中,粥也有味。索性再加火腿和菜心,做成味粥。

主料

冷饭	2小碗
熟咸鸭蛋	1个
西式火腿	20克
油菜心	30克
高汤	400毫升

辅料

姜丝	少许
胡椒粉	少许

做法

1 冷饭加400毫升高汤和400毫升清水煮开,把饭粒打散,煮至饭粒开花,转中火。

2 咸鸭蛋去壳,分开蛋白、蛋黄。

3 蛋白压碎放入粥中,蛋黄切小粒备用。

4 油菜心洗净,切成1寸左右的小段,放入粥中煮开。

5 西式火腿切丝,放入粥中,加胡椒粉搅匀。

6 等油菜变软,撒入咸蛋黄粒和姜丝,搅匀即成。

烹饪秘笈

1. 咸鸭蛋的蛋白有足够咸味,可以不放盐,如果不够味,可加少许生抽提鲜。
2. 没有高汤,用清水也可以。
3. 西式火腿也可以换成中式火腿或家乡肉脯。

03 山珍海味:肉类与水族

花生米拌芹菜

越嚼越香

⏱ 40分钟　🔪 中等

推荐搭配

胡椒猪肚粥 143 ＋ 火腿咸蛋菜心粥 144 ＋

特色

中式早餐，通常缺少蔬菜和膳食纤维，营养不够全面，花生米拌芹菜，便两样都兼顾到了。花生米不妨先一天煮好，早上拌入芹菜便可，节省时间。

主料

| 花生米 | 50 克 |
| 芹菜 | 50 克 |

辅料

盐	1 又 1/2 茶匙
八角	1 粒
油	1 汤匙
干辣椒	两三根

烹饪秘笈

花生要充分煮入味，足够软糯，可延长浸泡时间。

做法

1 花生米加水没过，放 1 茶匙盐和八角煮开，换小火煮 30 分钟，煮至花生软糯，关火，浸泡 10 分钟，以充分入味。

2 芹菜洗净，切成寸段，入开水锅中焯烫，断生即捞出。

3 将芹菜沥干水，拌入 1/2 茶匙盐。

4 烧热 1 汤匙油，炸香干辣椒，淋在芹菜上。

5 花生米捞出，和芹菜拌匀即可。

真正筒骨汤
骨髓苦瓜粥
60分钟 · 高等

做法

1 大米淘洗干净，放入冰箱冷冻室冷冻过夜。

2 姜去皮，拍破；大葱白洗净，切成几段。

3 猪筒子骨冲净，加清水1300毫升煮开，撇去浮沫，放入拍破的姜块、葱段、料酒，小火煮至汤浓发白。

4 取出骨头，倒出骨髓，剔下骨头上的肉，放入汤中。

5 冷冻过的大米放入骨髓汤中，煮开，搅散，转中火，保持微沸。

6 苦瓜剖开，掏出瓤，冲净，斜切成片。

7 待米粒开花，粥汤浓稠，放入苦瓜片，搅匀。

8 放盐和胡椒粉调味即成。

特色

筒子骨是最常用的熬汤食材，骨上有筋有肉，骨内有髓有油，熬出的汤，浓白鲜香，无人不爱。用来煲粥，自然也是上选，加苦瓜可解腻，加生菜可生津，怎样做都好吃。

主料

大米	100克
猪筒子骨	1/2根
苦瓜	1根

辅料

姜	1块
大葱白	1根
料酒	1汤匙
胡椒粉	少许
盐	1茶匙

烹饪秘笈

1. 苦瓜清苦的味道可解掉一部分骨髓的脂油感。
2. 如果吃不惯苦味较大的苦瓜，可以先焯水，再放入粥中。
3. 也可换成别的蔬菜，如瓠子、佛手瓜、油菜等。

有故事的粥
猫仔粥

60 分钟 高等

做法

1 大米和糯米淘净,加1200毫升清水煮开,转小火,保持微沸。

2 大虾剥去头和壳,留尾尖,挑去虾线,洗净备用。

3 牡蛎去壳,去除肚肠,洗净备用。

4 猪肉切片,放盐、料酒、胡椒粉稍腌。

5 猪肝洗净,切片,冲净血水,放盐、料酒、胡椒粉稍腌。

6 候粥煮至米烂粥稠,依次放入虾仁、牡蛎、猪肉、猪肝,搅拌均匀,煮熟。

7 姜切丝,吃时撒上,也可加少许葱花点缀。

特色

此粥为福建诏安特色粥品。传说有子媳终日操劳家务,夜间以厨房剩余食材煮粥充饥,长辈询问,言为猫仔煮食。久之传开,便以"猫仔粥"名之。

主料

大米	80克
糯米	20克
鲜虾	3只
牡蛎	5个
猪肉	30克
猪肝	20克

辅料

姜	1块
盐	1茶匙
料酒	1汤匙
胡椒粉	少许
葱花	少许

烹饪秘笈

1. 猫仔粥里配料较多,容易澥汤,放点糯米可起增稠作用。
2. 味道如觉不够,粥里可稍加盐或生抽,或者在虾仁和牡蛎里放点盐和料酒腌渍。

山珍海味:肉类与水族

粥美鸭先知
姜丝鸭肉粥

⏱ 60分钟　🍲 中等

特色
粥有百种，最是包容，鸡鸭鱼肉，海鲜山珍，无不可入粥。骨汤最浓，肚汤最白，鸡肉最香，鱼肉最鲜。而这道粥中，鸭肉得姜丝为佐使，诚乃人间佳味。

主料
大米 100克 / 鸭胸肉 1片 / 芹菜 1根

辅料
姜 1块 / 盐 1茶匙 / 料酒 1汤匙
蚝油 1茶匙 / 胡椒粉 少许

烹饪秘笈
1. 鸭肉腥味较重，先焯一遍水，再放进粥里较好。
2. 芹菜也可换成别的蔬菜，如香菜、生菜等。

做法

1 大米淘洗，加1200毫升清水煮开，转小火，保持微沸，不时搅拌，防止糊底或溢出。

2 鸭胸脯洗净，切成1厘米粗的条；姜去皮，切成丝。

3 切好的鸭脯肉用盐、一半姜丝、胡椒粉、料酒、蚝油抓拌均匀，腌20分钟。

4 煮一锅开水，把腌好的鸭肉放进去焯烫，捞出，冲净血沫，沥干水分，放进粥里煮开，搅拌均匀。

5 芹菜洗净，切成粒，候粥煮好，撒入拌匀。

6 吃时撒上余下的姜丝即可。

茹素更知味
芥末杏鲍菇
⏱ 40分钟　🔪 中等

03 山珍海味：肉类与水族

特色

杏鲍菇个大肉厚，食之有物。盐煎便鲜，红烧便糯，清炒易熟，煲汤不缩，是极好的食材。只需在做时配以味重之料佐之，便是百变之菜。

主料

大杏鲍菇	1个

辅料

海南黄辣椒酱	1小袋
芥末油	1茶匙

烹饪秘笈

1. 海南黄辣椒酱有咸味，不用再放盐了，辣味也足够，不能吃辣的可少放或不放，换成生抽或别的调味料都行。
2. 芥末油很冲，可少放。

推荐搭配

骨髓苦瓜粥	148
猫仔粥	150
姜丝鸭肉粥	152

做法

1 杏鲍菇洗净，切半厘米厚的片，覆瓦状排列在盘子里。

2 海南黄辣椒酱剪开一角，浇在杏鲍菇上，上锅蒸10分钟至熟。

3 取出，淋上芥末油即成。

物美价廉的补血佳品
猪肝菠菜粥

60分钟　高等

做法

1 大米淘洗干净，加1000毫升清水煮开，转小火保持微沸，不时搅拌，防止煳底。

2 猪肝洗净，切薄片，用清水洗净血水，捞出沥干。

3 姜切片，和猪肝一起，放盐、料酒、胡椒粉、蚝油、香油抓拌均匀，腌20分钟。

4 菠菜择去老根黄叶，洗净，放在开水锅里焯烫，捞出过凉水。

5 挤干菠菜的水分，切段。

6 候粥煮至米烂粥稠，放入腌好的猪肝，拨散，煮熟。

7 放入菠菜段，搅匀即成。

特色

猪肝可补血，这是共识。猪肝粥一直是医生推荐的营养粥品，配上叶绿素和维生素含量都高的菠菜，真是一道物美价廉的补血好粥。

主料

大米	100克
猪肝	100克
菠菜	50克

辅料

姜	1块
盐	1茶匙
料酒	1汤匙
蚝油	1汤匙
香油	1茶匙
胡椒粉	少许

烹饪秘笈

1. 猪肝血水较多，煮粥浑汤，粥不清爽，因此切片后要再次冲洗。
2. 冲洗过的猪肝会流失一部分浆汁，可添加蚝油和香油增香，同时去腥。

羊肉荞麦粥

有羊先天鲜一半

⏱ 60分钟　🍲 高等

特色

有了牛肉粥、滑肉粥、鱼肉粥和虾肉粥，怎么能少得了羊肉粥。用炖好的羊肉汤煲粥是一法，用鲜羊肉片滚粥也是一法。做法不同，味道自然不同，各有风味。

主料

荞麦	100克
羊腿肉	100克
白萝卜	100克

辅料

姜	3片
盐	1茶匙
料酒	1汤匙
油	1汤匙
胡椒粉	少许
香菜	少许

做法

1 荞麦淘洗干净，加700毫升清水煮开，转小火，保持微沸，不时搅拌，防止糊底。

2 白萝卜去皮，切成丝，放入粥中，搅拌均匀。

3 羊肉切片，用姜片、盐、料酒、胡椒粉抓拌均匀，腌20分钟。

4 炒锅里烧热油，放羊肉片炒至断生。

5 放入粥中，搅拌均匀。

6 香菜洗净，切段，吃时放入即可。

烹饪秘笈

1. 羊肉气味稍重，先煸炒再放进粥里，味道更香。
2. 荞麦也可换成大米、小米等。

粥色诱人
40分钟
中等
樱桃萝卜肉糜粥

特色

这道粥品是在肉糜的基础上增加一味樱桃萝卜的变化之作。有米有肉，尚缺蔬菜，使用美丽可爱的樱桃萝卜，取其颜色。萝卜有辛辣之气，同时可辟肉糜之味。

主料

大米	100克
猪肉糜	50克
樱桃萝卜	3个

辅料

盐	1又1/2茶匙
料酒	1茶匙
生抽	1茶匙
胡椒粉	少许

做法

1 肉糜用生抽、料酒、胡椒粉及1/2茶匙盐拌匀，腌10分钟。

2 大米淘洗干净，加1000毫升清水煮开，转小火。

3 放入腌过的肉糜，搅拌均匀，煮至米烂粥稠。

4 樱桃萝卜洗净，切成薄片。

5 将樱桃萝卜用1茶匙盐腌5分钟，洗净，挤干水分。

6 放入粥中，搅拌均匀即成。

烹饪秘笈

这道粥要取樱桃萝卜的颜色，切片时注意保持萝卜片的圆整，让每一片外皮都带有一圈红色。

抢先抢鲜
暴腌蒜薹

🕐 20分钟　🔪 低等

特色
蒜薹为蒜苗的花茎，本身有浓烈的气息，用盐稍腌去其辛口，再滚水焯烫断其生辣。其色碧绿青鲜，极是开胃。

主料
新鲜蒜薹　　　　　50克

辅料
盐	1茶匙
香油	1茶匙

烹饪秘笈
短时间暴腌的蒜薹有本身的辣味，不用再添加别的作料了。

推荐搭配
猪肝菠菜粥	154
羊肉荞麦粥	156
樱桃萝卜肉糜粥	158

做法

1 蒜薹择去老梗和花蕾，洗净，切段。放入开水锅中氽烫至变色，捞出，盛入盘中。

2 用盐拌匀，腌10分钟，倒去腌出的盐水。

3 淋上香油即好。

银鱼鸡蛋粥

辅食优选 · 40分钟 · 低等

特色
新鲜银鱼出水便需用冰块保鲜。如遇新鲜度高的银鱼,可作为幼儿的辅食,添加进蒸蛋米粥之类的菜中。银鱼无刺,蛋白质含量高,软烂易食。

主料
大米	50克
鸡蛋	1个
新鲜银鱼	20克

烹饪秘笈
这是一道婴儿辅食,不必添加任何作料。

山珍海味:肉类与水族

做法

1 大米加400毫升清水煮开,转小火煮至柔烂无米粒形。

2 银鱼洗净,放入粥中煮熟,搅拌均匀。

3 鸡蛋打散,慢慢倒入粥中,稍稍凝结后搅拌均匀即成。

酸辣爽口又消暑
木耳黄瓜

⏱ 50分钟 🔪 低等

特色
黄瓜清火开胃，木耳脆爽可口，搭配适合自己口味的酱料，便是夏天很好的一款消暑小菜。

主料
黄瓜	1根（约300克）
干木耳	10克
小米辣	2根

辅料
植物油	1汤匙
花椒油	1/2茶匙
生抽	1/2茶匙
盐	1/3茶匙
细砂糖	1/2茶匙
陈醋	1/2茶匙
蒜泥	适量

烹饪秘笈
如果是厚皮的黄瓜，可以削皮再烹饪。

推荐搭配
银鱼鸡蛋粥　161

做法

1 木耳用清水浸泡30分钟，黄瓜洗净后用刀背拍碎。

2 锅内清水烧开，放入木耳焯一下，捞出沥干。

3 小米辣、蒜泥放小碗中拌匀，烧一汤匙热油淋在上面，炝出香味。

4 在蒜泥碗中加入适量的陈醋、生抽、盐、细砂糖、花椒油搅拌均匀。

5 将调料拌入黄瓜和木耳中，拌匀，装盘即可。

Chapter 04

美食无国界：
异国与海外

热带开胃粥
60分钟 高等
泰国椰浆鸡粥

做法

1 泰国米淘洗干净，加清水600毫升煮开。

2 倒入椰浆，煮开后转小火，保持微沸。

3 良姜切片，一半放入粥中，另一半备用。

4 鸡腿洗净，去骨，取肉，切成粗条。

5 鸡腿肉加盐、胡椒粉抓匀，腌10分钟。

6 炒锅烧热油，放鸡肉和良姜炒至发白，放入粥里。

7 煮至米烂粥稠，放鱼露、辣椒粉、姜黄粉调味。

8 吃时挤入青柠汁，放上薄荷叶或罗勒叶装饰即可。

特色

泰国菜式爱用椰浆、青柠、柠檬叶和鱼露，配料有鸡肉和虾，如泰国著名的冬阴功汤便是，冬阴功是Tom yum的音译，也叫东炎汤。此粥便类似。

主料

泰国香米	100克
椰浆	300克
鸡腿	1只

辅料

良姜	1块
盐	1茶匙
胡椒粉	少许
油	1汤匙
鱼露	2汤匙
辣椒粉	1茶匙
姜黄粉	少许
青柠	2只
薄荷或罗勒	1小枝

烹饪秘笈

1. 吃不惯鱼露的，可换成一半盐一半生抽，或只放盐。
2. 没有姜黄，可以不放。没有良姜，可用老姜代替。没有青柠，可用柠檬代替。没有薄荷，可用香菜或葱花。
3. 没有椰浆，则不能用椰奶代替，因椰奶有甜味，破坏此粥风味。

04 美食无国界：异国与海外

咖喱也做粥
印度米豆粥

做法

1 鹰嘴豆淘洗干净，浸泡过夜。

2 大米、糙米淘洗干净，浸泡10分钟。

3 洋葱剥去外层老皮，切成碎丁。

4 红小米辣去蒂、去子，切成小圈。

5 高压锅内烧热油，放入洋葱和红小米辣炒香。

6 放入咖喱叶、孜然、姜黄粉、姜末、蒜末炒香。

7 放入浸泡好的鹰嘴豆和两种米炒匀，放盐，翻炒均匀。

8 加入600毫升清水，盖上盖，按下煮粥钮，煮好即可。

特色

印度有一大部分人吃素，其主食的花样变化极其丰富，米豆粥便是一例。米加杂豆，可饭可粥，配料基本是咖喱的配方，称其为咖喱粥也可以。

主料

大米	50克
糙米	50克
鹰嘴豆	30克

辅料

洋葱	半个
红小米辣	2根
咖喱叶	2片
孜然	1/2茶匙
姜黄粉	1/2茶匙
姜末	1茶匙
蒜末	1茶匙
盐	少许
油	1汤匙

烹饪秘笈

1. 鹰嘴豆可用加工好的鹰嘴豆罐头，开盖可食。做时倒掉罐头里的水即可，或者连水倒进锅里，但要注意适当减少煮粥时加水的量。
2. 此粥可粥可饭，多加水即为粥，少加水即为饭，视个人喜好而定。
3. 配料中的各种作料可任意增减，味好即是对。

04 美食无国界：异国与海外

粥是冰品凉沁人
南洋水果冰粥
60 分钟 中等

特色

南洋地气炎热,冰品冷饮应运而生,更兼水果丰富多样,颜色缤纷多彩,两样结合,便有了水果冰粥。变化无穷,随意可为,既是主食,又是甜品。

主料

大米	80 克
糯米	20 克
草莓、西瓜、猕猴桃、芒果、火龙果、葡萄柚等各种水果	各少许

辅料

冰糖	5 克
炼乳	1 汤匙

做法

1 大米和糯米淘洗干净,浸泡 1 小时。

2 将米捞出放锅中,加 1000 毫升清水煮开,转小火,放入冰糖,煮至米烂粥稠。

3 关火,凉至室温,放入冰箱中冷藏 4 小时以上。

4 各种水果切成适当的块,放入冰箱冷藏。

5 等粥彻底冷透,取出,盛在碗里,放上炼乳和水果,即成。

烹饪秘笈

1. 也可用搅拌机打碎冰块,拌入粥中,更为冰爽。
2. 也可放入冰镇的红豆砂、龟苓膏等,口感更加丰富。

04 美食无国界:异国与海外

特色

越南电影《青木瓜的滋味》是这道小菜最佳的广告片。作为凉拌菜,食材的选择要生鲜清脆,甜度要淡,才方便调味,橘色的成熟番木瓜可留作水果吃,做菜则要选青色。

主料

青番木瓜	200克
樱桃萝卜	3个
薄荷	3小枝

辅料

新鲜红小米辣	2根
大蒜	2瓣
鱼露	1汤匙
青柠	1个
花生米	1汤匙
橄榄油	1汤匙
白砂糖	少许

烹饪秘笈

1. 番木瓜要选青的,才爽脆。
2. 吃不惯鱼露的,可用生抽代替。

做法

1 番木瓜洗净,刨成细丝,抓松,放在盘上。

2 樱桃萝卜洗净,对剖切开,放在木瓜丝旁边。

3 小米辣洗净,去蒂、去子,切成小圈;大蒜去皮,压成泥;花生米舂成碎末。

4 所有辅料(除青柠外)放在一个小碗里拌匀,淋在木瓜丝上。

5 青柠对切,在木瓜丝上挤上柠檬汁。

6 薄荷叶洗净,用于装饰。

且吃茶去

⏱ 20 分钟
🍵 低等

日本茶泡饭

特色

日本电视剧《午夜食堂》有一集讲了三个爱吃茶泡饭的女子。日本人甚少吃粥，早餐也要煮米饭，茶泡饭便可算是粥的变形了。茶泡饭清爽易做，作为晚间填饥，再妙不过。

主料

米饭 1 碗 / 日式海苔 1 片 / 腌梅子 1 个或萧山萝卜干 1 个

辅料

绿茶 5 克

做法

1 刚出锅的热饭盛在碗里。

2 绿茶加 300 毫升水泡 3 分钟。

3 把泡好的茶汤浇在饭上。

4 放一粒腌梅子或萧山萝卜干。

5 日式海苔剪成丝，撒在上面即成。

烹饪秘笈

1. 腌梅子不好买，可用萧山萝卜干代替，或者别的腌咸菜或腌鱼。
2. 泡饭的茶原是煎茶，没有可用绿茶代替。
3. 刚出锅的饭有水汽，先盛出放凉，再泡茶，这点时间正好让饭里的热气散发掉，饭又不至于冷透。

04 美食无国界：异国与海外

⏱ 40分钟
🍲 低等

举重若轻巧安排
冷泡燕麦水果粥

特色

美国人早餐时常常用牛奶浸泡速食燕麦,有时还加些果干进去,丰富营养,并且轻松就能搞定早餐,起得晚也不至于手忙脚乱。

主料

燕麦片	100 克
奇亚子	1 茶匙
香蕉	半根
葡萄干	1 汤匙
腰果奶	250 克

辅料

| 蜂蜜 | 1 茶匙 |

做法

1 燕麦片、奇亚子放进大碗中,浇入腰果奶搅拌均匀,加盖,放进冰箱冷藏室冷藏过夜。

2 取出后放入切片的香蕉、葡萄干拌匀。

3 依个人口味添加蜂蜜或别的甜浆,如炼乳、枫糖浆等。

烹饪秘笈

1. 燕麦选用高温蒸压的干燕麦,而非即冲型的燕麦糊。
2. 奇亚子是唇形科鼠尾草的种子,在进口食品柜台或淘宝有售,没有也可以不加。
3. 腰果奶有利乐砖包装的,没有可以自制:腰果和牛奶放入搅拌机里打成浓浆,或者换成豆奶、杏仁露、椰奶等。
4. 水果除了常见的香蕉、葡萄干,也可换用当季的新鲜水果,如欧美超市常见的小型水果如红树莓、黑莓、蓝莓、醋栗等,或中国市场常见的橘子、黄桃、猕猴桃等,橘子需剥皮、分瓣、切小块,黄桃、猕猴桃需去皮、切片。

满满一碗维生素
奶香藜麦粥
40分钟 · 中等

特色

相比于冷泡粥，奶香藜麦粥就热乎多了，这款粥需要现煮，粥上添加了时令水果，营养配比合理，颜色缤纷，既美味又养眼。

主料

藜麦	100 克
松子仁	1 汤匙
白芝麻	1 茶匙
腰果奶	80 克

辅料

苹果	半个
桃子	半个
香蕉	半根
葡萄干	1 汤匙

做法

1 藜麦淘洗干净，加 200 毫升清水煮开，转小火，煮 15~20 分钟，至藜麦软烂。

2 松子仁和白芝麻放在平底锅中，用小火焙香，微黄为度，放凉备用。

3 选一个大碗，放入煮好的藜麦，浇进腰果奶。

4 放入焙香的松子仁和芝麻拌匀。

5 苹果去皮、去核，切成薄片；桃子去皮、去核，切成薄片；香蕉去皮，切成薄片，放在藜麦粥上，撒上葡萄干，吃时拌匀。

烹饪秘笈

1. 各种水果、干果、坚果仁可任意搭配。
2. 冷泡燕麦粥和奶香藜麦也可作为宝宝辅食。

小菜如小品
芝麻拌牛蒡

⏱ 20分钟　🔪 低等

推荐搭配

- 日本茶泡饭 172
- 冷泡燕麦水果粥 174
- 奶香藜麦粥 176

特色

在日餐厅吃饭，白芝麻拌牛蒡是最常见的餐前小食，量不多，浅尝就好，作为下粥的小菜，也是一样的。吃点有滋味的小菜，方便送粥，调味可按个人喜欢。

主料

牛蒡	1根
白芝麻	1茶匙
干海带	1片（约2寸长）

辅料

醋	1茶匙
味醂	1汤匙
日本酱油	1汤匙
盐	少许

做法

1 海带用干净软布拭去表面灰尘，放入锅中，加200毫升清水煮15分钟，为日式高汤。

2 牛蒡洗净，去皮，像削铅笔一样，把牛蒡削成小斜片。

3 煮一锅清水，将牛蒡放开水锅中煮5分钟，捞出，过凉水。

4 把海带从日式高汤中取出，汤中放入牛蒡片煮开。

5 高汤里放醋、味醂、日本酱油煮滚，转中火煮至牛蒡入味。

6 海带切成丝，放入锅中，收干汤汁，尝味，依个人口味，可加少许盐，最后拌入白芝麻即成。

烹饪秘笈

1. 没有味醂，可用料酒加少许糖代替，没有日本酱油，用生抽也行。
2. 熬汤的海带通常丢弃，但可善加利用。
3. 如有木鱼花，可在熬汤的最后几分钟放入，没有也可以不用。也可用虾子或大地鱼粉代替。

美食无国界：异国与海外

当西风遇上韩流
60分钟 / 高等

韩式奶酪蟹肉粥

做法

1 米饭用清水浸泡1小时，捞出沥干。

2 海蟹洗净，取下蟹壳，剥出蟹肉备用。

3 小鱼干去头和肠，洗净。

4 加800毫升清水，放入蟹壳、小鱼干、昆布、姜片煮开，改小火保持微沸。

5 煮30分钟以上，熬成高汤，过滤掉汤料。

6 胡萝卜、洋葱、西葫芦均洗净，切成碎丁。

7 炒锅烧热香油，下沥干的米饭和蟹肉炒香，加蔬菜丁同炒，炒至半熟。

8 炒过的米饭、蟹肉、蔬菜丁放入高汤里煮开，小火保持微沸，煮成粥，放盐和胡椒粉调味。吃时撒上马苏里拉奶酪碎即可。

特色

韩式粥极有特色，把煮好的米饭泡至松软，打散后再加佐料和蔬菜海鲜烧煮。此款粥还在本土传统风味中加入西式奶酪，奶香浓郁。

主料

米饭	2小碗
海蟹	1只
西葫芦	50克
胡萝卜	50克
洋葱	半个
昆布	1片（约2寸宽）
小鱼干	5条

辅料

马苏里拉奶酪碎	20克
盐	1茶匙
姜	3片
香油	1汤匙
胡椒粉	少许

烹饪秘笈

1. 蔬菜也可换成彩椒、西蓝花等。
2. 蟹肉也可换成鸡肉丝等。
3. 吃时如觉味不够，可加少许生抽。

说粥就是粥
韩式南瓜粥

特色

此粥虽名为粥,实为羹。南瓜羹太稀薄,不能填胃充饥,再加糯米粉增稠,香香甜甜,绵软滑润,可为睡前小食,或两餐之间的加餐。

主料

南瓜	1块(约250克)
糯米粉	50克

辅料

熟松子仁	10克
白砂糖	1茶匙

做法

1 南瓜去皮,洗净,切成片。

2 南瓜片上锅蒸10分钟至熟,压成泥。

烹饪秘笈

1. 南瓜选糯性的,煮出的粥更糯更软。
2. 南瓜有甜味,可不放糖。

3 南瓜泥加400毫升清水煮开。

4 糯米粉加少量清水调成糊,慢慢倒进南瓜羹里,搅拌均匀。

5 吃时拌入白砂糖,撒上松子仁即成。

04 美食无国界:异国与海外

回首又见它
韩国泡菜粥
60 分钟 / 中等

做法

1 鸡胸肉洗净，加1000毫升清水煮开，撇去浮沫，转小火，保持微沸。

2 大米淘洗干净，浸泡10分钟。

3 辣白菜切成1厘米宽的粗条。

4 炒锅烧热油，放进辣白菜翻炒出香味。

5 浸泡过的大米捞出，放入炒锅中，和辣白菜一起翻炒均匀。

6 鸡胸肉取出，放凉，备用。

7 炒过的辣白菜和大米转入鸡汤砂锅中，搅拌均匀，小火煮至米粒开花。

8 鸡胸肉撕成丝，放入粥中，继续煮一会儿即可。

特色

韩餐绕不过泡菜，泡菜在韩餐中无处不在。有泡菜汤锅、泡菜年糕、泡菜方便面、泡菜炒饭，当然就有泡菜粥。泡菜粥咸鲜辛辣，开胃解馋。

主料

大米	100 克
韩式辣白菜	50 克
鸡胸肉	1 块

辅料

油	1 汤匙

烹饪秘笈

1. 辣白菜炒过之后再煮，更易出味。
2. 辣白菜已经有了咸味和辣味，不用再放盐和胡椒粉了。

04 美食无国界：异国与海外

双鲜合璧
60 分钟 | 高等
韩国蘑菇牡蛎粥

做法

1 牡蛎洗净,挤入柠檬汁,加姜末腌渍,备用。

2 把汤底原料除料酒外都放进锅里,用小火焙至香味传出。

3 加1000毫升清水煮开,改小火,加入料酒,保持微沸。

4 煮30分钟以上,熬成粥底高汤,过滤掉汤料,备用。

5 米饭放进过滤干净的粥底高汤里打散,煮开,转小火,保持微沸。

6 香菇去老梗,洗净,切丁;胡萝卜去皮,切成小丁;瓠子去皮、去瓤,切成小丁。

7 将香菇丁、胡萝卜丁、瓠子丁放进粥中,搅拌均匀。

8 煮至饭粒开花,粥汤黏稠,放进腌过的牡蛎,煮熟。

9 放盐和胡椒粉调味,吃时撒上葱花和紫菜末即可。

特色

韩国三面是海,海产品极其丰富,鱼虾贝类花样繁多,尽可选择。牡蛎较为常见,用来煮粥,味道鲜甜,配上香菇等鲜味食材,此粥鲜得有一套。

主料

冷饭	2小碗
去壳牡蛎	100克
新鲜香菇	50克
胡萝卜	20克
瓠子	50克

辅料

1. 汤底原料

昆布或海带	1片(约2寸长)
干虾米	10粒
小鱼干	10条
姜	3片
料酒	1汤匙

2. 粥配料

葱花	1汤匙
紫菜末	少许
盐	1茶匙
胡椒粉	少许

3. 腌牡蛎作料

| 柠檬 | 半个 |
| 姜末 | 1汤匙 |

烹饪秘笈

1. 腌牡蛎时不要放盐,放盐易出水,牡蛎肉易老。
2. 香菇也可用干香菇,泡发的水可加进粥底汤里。

04 美食无国界:异国与海外

韩式酱土豆

点"酱"用兵,少既是精

20分钟　中等

推荐搭配

- 韩式奶酪蟹肉粥 180 +
- 韩式南瓜粥 182 +
- 韩国泡菜粥 184 +
- 韩国蘑菇牡蛎粥 186 +

特色

擅用各种酱料，是做菜一大诀窍。黄豆酱、大酱、甜面酱、排骨酱、柱侯酱、豆瓣酱等，俱可用来做菜，稍加变化便是一道小菜，上手容易，做法简单，节省时间，味道也佳。

主料

大土豆　　　　1个（约200克）

辅料

油　　　　　　1汤匙
包饭酱　　　　1汤匙
葱花　　　　　少许

> **烹饪秘笈**
>
> 大个的土豆也可换成小土豆。

做法

1 土豆去皮，洗净，切成一口大小的块，清水浸去多余的淀粉，捞出沥干备用。

2 炒锅烧热油，放入土豆块炒香，炒至边缘略带焦黄。

3 加入清水没过土豆，大火煮开后，转小火。

4 煮至土豆酥烂，略微起沙。

5 放入包饭酱炒匀，收干汤汁。

6 撒入葱花翻匀即成。

萨巴厨房系列图书

[吃出健康系列]

[懒人下厨房系列]

[家常美食系列]

图书在版编目（CIP）数据

萨巴厨房. 清粥小菜 / 萨巴蒂娜主编. — 北京：中国轻工业出版社，2019.1

ISBN 978-7-5184-2240-1

Ⅰ.①萨… Ⅱ.①萨… Ⅲ.①粥-食谱②小菜-菜谱 Ⅳ.① TS972.12

中国版本图书馆 CIP 数据核字（2018）第 262446 号

责任编辑：高惠京　　责任终审：劳国强　　整体设计：锋尚设计
策划编辑：龙志丹　　责任校对：李　靖　　责任监印：张京华

出版发行：中国轻工业出版社（北京东长安街6号，邮编：100740）
印　　刷：北京博海升彩色印刷有限公司
经　　销：各地新华书店
版　　次：2019年1月第1版第1次印刷
开　　本：720×1000　1/16　印张：12
字　　数：200千字
书　　号：ISBN 978-7-5184-2240-1　定价：49.80元
邮购电话：010-65241695
发行电话：010-85119835　传真：85113293
网　　址：http://www.chlip.com.cn
Email：club@chlip.com.cn
如发现图书残缺请与我社邮购联系调换
180100S1X101ZBW